27689

# PROPOSITIONS

ET

# DOCUMENTS

PRÉSENTÉS

## AUX DIVERSES SOCIÉTÉS

ET ADMINISTRATIONS

**Tendant à faire progresser et à répandre la connaissance
pratique de la culture de la Vigne à Vin, de la
Botanique et à développer l'instruction
professionnelle,**

## Par A. GIFFARD

Membre de la Société Industrielle et Agricole et de la Société
d'Horticulture d'Angers.

## ANGERS

IMPRIMERIE P. LACHÈSE, BELLEUVRE ET DOLBEAU
13. Chaussée Saint-Pierre, 13.

—

1874

# INTRODUCTION

J'ai pensé qu'il pourrait être utile de présenter ici la
liste des diverses propositions faites à la Société industrielle et agricole, à la Société d'horticulture d'Angers,
et aux diverses administrations, s'appliquant particulièrement à l'étude pratique de la vigne à vin, à celle
de la botanique, et à la transformation de nos jardins
publics d'étude : le jardin fruitier et le jardin des plantes.

J'ai cru utile aussi de reproduire quelques unes
d'entre elles; d'autres non moins importantes, quant au
sujet traité, n'ont pu l'être en raison de leur étendue.
On les trouvera d'ailleurs insérées aux publications annuelles de ces deux Sociétés, déposées à la Bibliothèque
de la ville.

J'ai eu pour mobile dans ces efforts incessants, d'être
utile autant que je l'ai pu à mes concitoyens, en cher-
chant : à faire progresser ces deux sciences si importantes, ainsi que l'étude du dessin appliquée aux arts et
aux métiers et, pour la première, à augmenter la produc-

tion; à étendre l'instruction professionnelle; enfin à engager, peut-être, par cette publication, très-restreinte d'ailleurs, d'autres personnes plus autorisées, d'autres Sociétés et d'autres départements, soit à développer ces propositions, soit à en faire l'application dans l'intérêt général.

Les principales de ces propositions ont déjà conduit à des résultats sérieux, tels que : des écoles plantées, des cours publics, comme on le verra ci-après.

Je serai heureux si je puis parvenir ainsi à atteindre le but d'utilité que je m'étais proposé.

A. GIFFARD.

15 février 1874.

# LISTE

# PROPOSITIONS ET DOCUMENTS

PRÉSENTÉS

## A DIVERSES SOCIÉTÉS ET AUX ADMINISTRATIONS.

## PREMIÈRE PARTIE.

### AUX SOCIÉTÉS INDUSTRIELLE ET D'HORTICULTURE.

**1° A la Société industrielle et agricole d'Angers.**

Bulletin de 1866.

**1.** Statistique des divers procédés exceptionnels de viticulture et de vinification pratiqués, soit dans le département, soit dans les autres départements viticoles
de la France, avec tableaux spécimens,      8 pages.

**2.** Spécimen de bulletin statistique avec questionnaire
et exposé des motifs, destiné à recueillir ces renseignements,                              7 pages.

Bulletin de 1868.

**3.** Bulletins statistiques divers recueillis dans les environs d'Angers, présentant les limites extrêmes comme
taille courte et longue de la vigne à vin.

Lettre à M. le Président.

2° Industrie. — Des grandes industries angevines et de leur population ouvrière.

3° Beaux-Arts. — Considérations générales sur la peinture et la sculpture contemporaines.

Ces trois questions, particulièrement la deuxième, ont été développées avec soin dans un manuscrit adressé à la Société, de                    6 pages.

11. Projet d'établissement d'une vigne école à la Sécretainerie, comme conséquence des études réclamées avec instance dans les projets précédents, avec plans divers d'ensemble et détails très-complets, (4 plans).

12. Liste des principaux cépages à y placer,     4 pages.

13. Projet d'établir la carte viticole détaillée du département, en se servant des cartes actuelles, et en y ajoutant des signes conventionnels, avec légende explicative et spécimen pour l'arrondissement d'Angers.

14. Analyse du rapport de la tournée faite par M. le docteur J. Gayot dans le département, et description des cépages qui y sont le plus cultivés ; extraits des ouvrages spéciaux du comte Odart et de V. Rendu, 16 pages.

15 Bulletin statistique des vignobles des environs d'Angers. Lettre à M. le Président (suite).

1° Bulletin du vignoble de M. Delletre, aux Justices, avec figures.

16. 2° Bulletin du vignoble de M. Touzé, faubourg St-Lazare, avec figures,           9 pages.

17. Rapport fait au nom du comité de viticulture sur la visite faite en 1869, à la vigne de M. le docteur Houdebine, près Feneu, avec figures,         8 pages.

25 Présentation d'une brochure ayant pour but la vulgarisation de la botanique, offerte à la Société. (Voir le rapport de M. Jeannin, vétérinaire au Haras, secrétaire-général.)

26. Offre d'une collection de sarments de vigne, taillés et non taillés, pour être placée comme spécimen dans le musée industriel de la Société, avec bordereau explicatif,                                         4 pages.

27. Proposition d'établir pour le département : 1° D'abord une statistique viticole par commune ; 2° Ultérieurement une statistique agricole et une statistique industrielle ; 3° Un registre indiquant où sont appliquées les diverses parties se rapportant à chacune de ces statistiques, avec l'exposé des motifs et tableaux spécimens de                                         16 pages.

(Ce projet de statistique spéciale embrassant tous les détails, par commune, relatifs à ces statistiques, a pour but de les grouper par canton, puis par arrondissement, de manière à ne rien laisser ignorer d'important sur ces grandes branches de notre richesse locale. Cette statistique descriptive est pour sa plus grande partie une innovation).

28. Projet d'établir, principalement pour les cépages les plus cultivés dans le département : 1° Un tableau synoptique ampélographique ; 2° Un catalogue descriptif mis tout particulièrement à la portée du public.

(Ce projet, au moyen des tableaux synoptiques très-détaillés, a pour but de faire ressortir et de comparer facilement tout ce qui est relatif à l'ampélographie, et de permettre de rendre plus facile et plus complète l'étude de cette science si compliquée. Il est comme le projet précédent, une innovation).

29. Correspondance avec les divers membres de la Société, ayant particulièrement pour but de répandre et de faire progresser la culture de la vigne à vin, 12 lettres.

La plupart de ces propositions ont été insérées au bulletin de la Société.

———

### 2° A la Société 'd'horticulture d'Angers.

1. Etablissement d'une École générale de taille et de conduite de la vigne à vin au jardin fruitier, avant projet, 4 pages.
2. Projet définitif avec mémoire détaillé et croquis de figures de 300 tailles appliquées dans les principaux départements viticoles de la France (7 mars 1869), 26 pages.
3. Légende explicative des tailles de l'école du jardin fruitier, 6 pages.
4. Plan détaillé de l'établissement de l'école, et relevé de la plantation, 4 pages.
5. Projet général des diverses étiquettes à y placer, divisées en trois grandes catégories, 6 pages.
5 *bis*. Offre d'une brochure relative à l'établissement d'une École générale de taille,
6. Communication relative à l'école de taille établie par la Société au jardin fruitier, avec bordereau général des étiquettes, 17 pages.

   (Cette école contient, classées et étiquetées avec soin et par catégorie, les 80 tailles les plus répandues, d'abord dans le département, puis dans les départements limitrophes, enfin dans les principaux départements vitioles de la France, faites sur 120 ceps.

7. Projet général d'un cours détaillé de taille et de conduite de la vigne à vin (avril 1871),        12 pages.
(Ces propositions ont donné lieu à l'établissement
d'un cours de viticulture fait au jardin fruitier, con-
curremment avec le cours de taille des arbres fruitiers. Il en a été fait dans ce but une brochure
spéciale par les soins de la Société).
8. Lettre offrant un exemplaire du tableau synoptique
et une collection de sarments de vigne taillés et non
taillés, permettant, en les réunissant dans la main,
de représenter toutes les tailles. Elle est destinée à
servir aux démonstrations des cours, avec bordereau
explicatif,        4 pages.
8 *bis*. Compte-rendu de la situation, première année, de
l'école de taille,        4 pages.
9. Projet d'étiquetage de la collection de vignes de la
Société,        4 pages.
10. Présentation d'un nouveau modèle d'étiquettes, dites
étiquettes *descriptives*, pour les arbres fruitiers et
d'ornement,        7 pages.
10 *bis*. Offre d'une 2ᵐᵉ brochure et d'un 2ᵐᵉ tableau synoptique pour être mis à la disposition du public.
11. Note à insérer aux journaux, relative à l'indication
des pièces mises à la disposition du public, pour lui
permettre d'étudier avec fruit l'école de taille, 2 pages.
12. Du bouturage souterrain de la vigne et de ses divers
moyens de reproduction, avec figures,        10 pages.
13. Etablissement d'une école détaillée de taille et de
conduite de la vigne à vin, spéciale au département,
en bordure d'allée centrale,        pages.
13 *bis*. Offre d'une brochure relative à la vulgarisation

membres de la Société relative à l'enseignement de
la vigne à vin,                                    20 lettres.

------

**Aux diverses Sociétés.**

24. Offre aux Sociétés d'horticulture de Saumur et de
Cholet : 1° D'un tableau synoptique; 2° De la brochure relative à l'établissement d'une école de taille ;
3° D'une brochure relative à la composition, la classification et le programme des cours de l'école de taille
établie au jardin fruitier ; 4° Enfin de la brochure relative à la vulgarisation de la botanique.

25. Etablissement d'une école centrale de taille et de
conduite de la vigne à vin et étude générale sur sa
culture dans le département,              200 pages.
Quatre planches représentant des figures de tailles.

(La deuxième partie seulement de ce travail est
terminée et a été imprimée jusqu'ici. La première
est très-avancée.)

------

## DEUXIÈME PARTIE.

------

### AUX DIVERSES ADMINISTRATIONS.

—

#### 1° Pétitions d'intérêt général.

1. Pétition relative à l'enlèvement de la poudrière du
commerce placée sur le pâtis St-Nicolas et d'une poudrière isolée, adressée au Conseil municipal, avec manuscrit et plans divers,                16 pages.

2. Pétition relative à l'opposition au projet de M. Baron,
d'établir un dépôt d'engrais et une fabrication de

poudrette, près la ferme du Colombier, route de Nantes, avec mémoire et plan général à l'appui, 30 pages.

3. Pétition relative à l'opposition au projet de MM. Lorin et Rhumel d'établir aussi, près le voisinage de la ferme du Colombier, un dépôt d'équarissage et de fabrication d'engrais, avec mémoire et plans d'ensemble et détaillés de toute la zône comprise entre la route de Nantes et la Mayenne (4 plans), 18 pages.

Ces trois pétitions avaient pour but de défendre les intérêts de tout le faubourg St-Jacques et le bel étang si pittoresque de Saint-Nicolas. Elles ont rencontré l'adhésion unanime de la population et il y a eu plus de 600 signatures de tous les propriétaires habitants et établissements publics.

---

**Essai d'introduction de l'instruction professionnelle dans les écoles normales et communales, appliquée d'abord à la vigne à vin et à la botanique.**

---

#### CULTURE DE LA VIGNE A VIN.

4. Exposé du tableau synoptique des principales tailles et procédés de formation et de conduite de la vigne à vin offert et destiné particulièrement aux écoles communales et aux bibliothèques publiques (présenté à la Société industrielle, rapport de M. Delépine, vice-secrétaire, au nom du comité de viticulture (juillet 1871), 10 pages.

5. Lettre à M. le Préfet pour lui demander de présenter ce tableau à l'approbation du Conseil départemental de l'instruction publique, accompagnée de deux

rapports favorables de la Société industrielle et de
M. l'Inspecteur d'académie,       2 pages.

5 *bis*. Offre de tableaux et d'une collection de sarments
de vigne pour représenter les figures des tailles de ces
tableaux, faite à l'école normale et aux écoles communales de la ville.

6. Lettre à M. l'Inspecteur d'Académie en lui envoyant
150 exemplaires de ce tableau offert aux écoles des
principales communes viticoles du département, aux
colléges et particulièrement aux écoles de la ville, avec
liste de répartition,       3 pages.

6 *bis*. Offre de 200 planches de figures des tailles diverses
de la vigne à vin faite aux principales Écoles communales du département, pour servir à l'étude du
dessin professionnel dans les Écoles.

7. Lettre au Conseil général offrant un exemplaire du
tableau synoptique, et priant le Conseil d'émettre les
deux vœux suivants :

1° Que l'enseignement de la vigne à vin prenne place
dans les diverses écoles du département ; 2° Qu'il soit
établi des écoles pratiques, appliquées, analogues
à celle du jardin fruitier, d'abord à l'école normale d'Angers, ensuite dans les grands centres du
département en commençant par Saumur et Cholet,
de (avril 1872),       6 pages.

8. Lettre à M. le Président du Conseil général priant le
Conseil d'émettre cinq vœux ayant pour but de généraliser l'enseignement théorique et pratique de la
culture de la vigne à vin, principalement par des
écoles plantées, établies dans les écoles communales,
dans les écoles normales et dans les chefs-lieux des

vigne et la botanique aux villes de Saumur et de Cholet.

14 *bis*. Lettre à M. le Maire et aux conseils municipaux des villes de Nantes, le Mans, Orléans et Tours, offrant 5 tableaux pour chaque département, pour la bibliothèque, le collége et les écoles communales de la ville (4 lettres de 2 pages).      8 pages.

---

### Vulgarisation de la botanique.

15. Projet de vulgarisation de la botanique, manuscrit présenté au Conseil municipal, comprenant principalement : des étiquettes françaises à placer sur les plantes ; des écoles plantées de plantes usuelles ; un musée industriel du règne végétal, matières premières et matières ouvrées ; des cours publics, pratiques et appliqués à faire au jardin des plantes, le dimanche et le jeudi pour le public et les élèves des écoles ; et le remaniement du nouveau jardin, avec quatre plans détaillés à l'appui, ci      20 pages.

Cette pétition signée d'un grand nombre de médecins, de pharmaciens, des principaux horticulteurs et des grands industriels de la ville a été accueillie par des rapports favorables des Sociétés industrielle et d'horticulture. Cette dernière en a fait l'objet d'une pétition particulière présentée en son nom à l'Administration[1].

[1] Ce projet a déjà conduit à deux résultats sérieux : 1° Des étiquettes portant les noms français doivent être placées au Jardin des Plantes de Nantes. 2° M. Bouchard, pharmacien à Angers, a proposé à la Société d'Horticulture, qui a accepté, de faire au Jardin

*b*

Fruitier un cours public de Botanique appliquée à l'horticulture et à l'industrie. C'est l'application directe, et des plus heureuses, d'une vulgarisation si désirable de cette science.

DE QUELQUES-UNES

# DES PROPOSITIONS

COMPRISES A LA LISTE PRÉCÉDENTE.

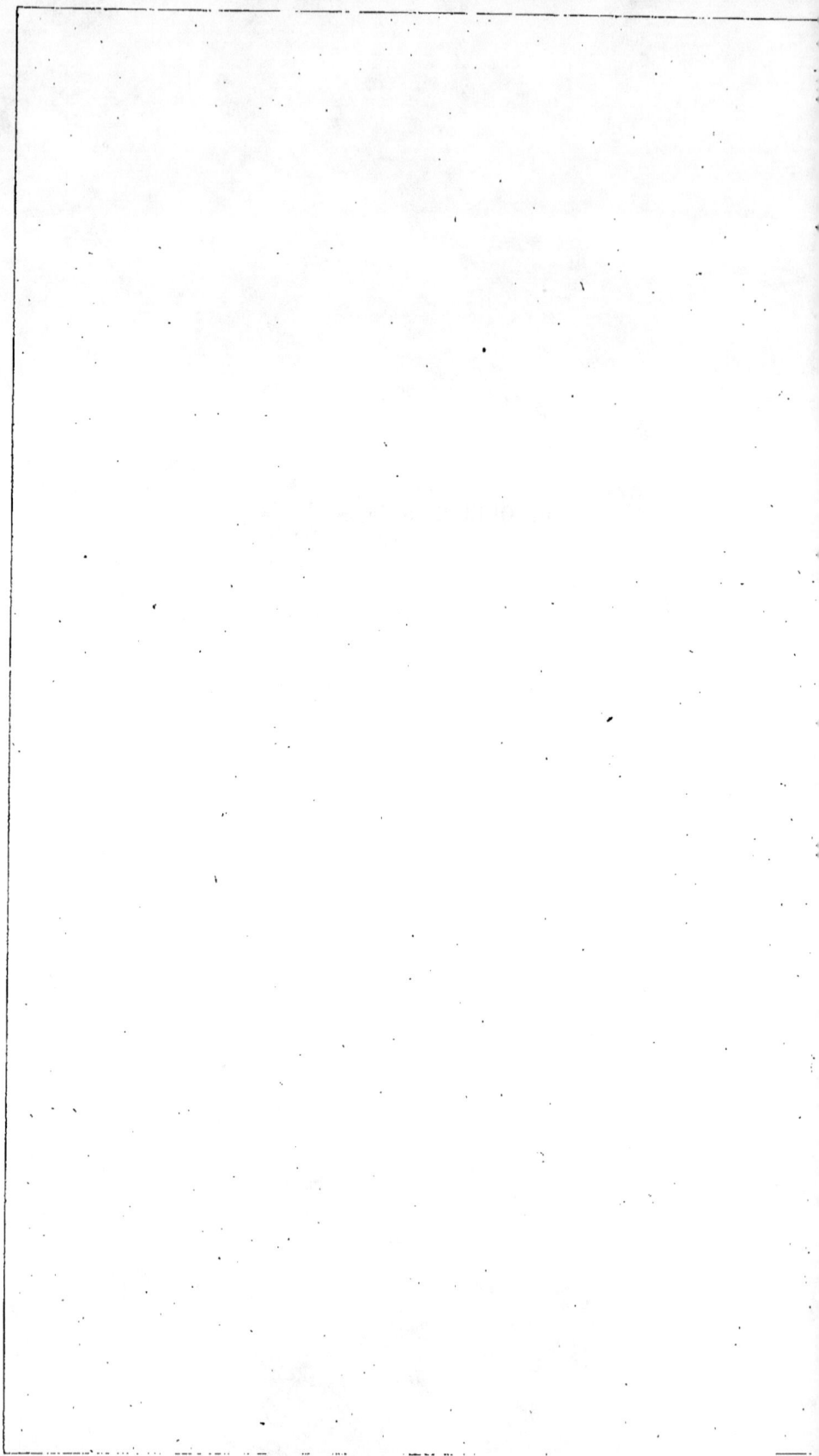

## Projet d'adopter, en principe, des Expositions annuelles spéciales de raisins et de pomologie, faites dans le local de la Société et de publier des extraits de ses Annales.

Un but important pour toute Société savante et surtout pour celles qui désirent acquérir le titre si honorable de Société d'intérêt public, est assurément, ce nous semble du moins, tout en travaillant d'abord à l'étude et au perfectionnement des sciences qui font partie du cadre de ses attributions, d'associer dans les meilleures conditions possibles le public à ses travaux.

Pour arriver à ce but, deux conditions sont à remplir :

1° De les mettre à sa portée par un langage simple, et surtout précis ;

2° De lui permettre, dans les conditions les plus larges, c'est-à-dire les plus faciles et les plus économiques, d'en recueillir les fruits.

Cette marche, qui nous paraît aussi simple que naturelle, n'a encore malgré cela, jusqu'à ce jour, guère été suivie. On s'est contenté de restreindre la publicité des travaux des Sociétés à des bulletins ou des annales, uniquement destinés aux Sociétaires ou à d'autres Sociétés en rapport avec elles et le public est presque toujours resté en dehors de ces travaux, dont la connaissance ne parvient pas le plus ordinairement jusqu'à lui. Aussi son instruction professionnelle est-elle bien incomplète et ignore-t-il le plus souvent les premiers éléments des sciences les plus pratiques. Que de choses, si utiles cependant, il serait possible de lui faire connaître en peu de temps et en peu de mots !

Notre Société est déjà, en partie, sortie heureusement de cette voie. Elle a un jardin public, où des cours faits par un professeur habile, initient la partie studieuse du public et la jeunesse de nos écoles aux principaux travaux pratiques de l'arboriculture et de la viticulture. N'y aurait-il pas encore, en même temps qu'une louable initiative à prendre, en quelque sorte une mesure d'équité à remplir, en profitant des moyens exceptionnels dont dispose la Société pour étendre ce genre d'instruction, qu'on ne peut trouver ailleurs et qui pourrait être si fécond, et d'appliquer sous une nouvelle forme cet enseignement des yeux si précieux, enseignement particulièrement propre à frapper l'attention du public et de la jeunesse des écoles ?

Je veux parler d'établir des *Expositions annuelles de raisins, faites dans la salle de nos séances et uniquement avec les nombreuses variétés des raisins des cépages du Jardin ;* et aussi de publier dans les journaux de la ville, des extraits de nos Annales qui pourraient être particulièrement utiles à la généralité.

Ces expositions, faites plus spécialement au point de vue de l'arboriculture, c'est-à-dire en considérant la vigne comme arbre fruitier, pourraient être rendues aussi intéressantes qu'instructives et peu dispendieuses pour notre Société, par des moyens simples qui, je crois, atteindraient ces divers buts.

Mais aujourd'hui, Messieurs, permettez-moi de vous les proposer en principe seulement, me réservant d'entrer dans des détails sur ce projet, où ce qui précède recevra son application, dans notre séance prochaine, si la Société me fait l'honneur d'accepter ma proposition. Car je crois qu'il n'est pas nécessaire aujourd'hui d'insister davantage sur l'utilité de ces expositions, faites dans ces conditions, utilité qui me semble devoir être évidente pour tous.

Je viens donc proposer particulièrement à la Société :

D'adopter en principe des expositions annuelles de raisins faites uniquement avec ceux provenant des cépages du Jardin fruitier, sur les tables et dans la salle de nos séances, tout en appelant son attention sur les extraits de nos Annales.

On pourrait même généraliser bien utilement ces expositions annuelles en y adjoignant des expositions des autres fruits de notre Jardin : poires, pommes, roses, etc. Ces expositions ne pourraient avoir aucun inconvénient, en raison des époques différentes de maturité de ces fruits avec le raisin, et auraient l'avantage de compléter le genre d'enseignement dont je viens de parler, en multipliant ainsi les matières et les occasions de s'y livrer.

Mais je ne puis ici qu'indiquer ces expositions, qui rentrent dans les attributions des comités spéciaux.

Angers, le 24 avril 1873.

## Projet détaillé d'expositions annuelles spéciales de Raisins faites dans le local de la Société.

### Par M. A. Giffard.

J'avais annoncé dans la précédente séance, en vous demandant d'approuver en principe des *Expositions annuelles de raisins dans le local de la Société*, qu'il me restait à vous présenter le projet détaillé de ces expositions. C'est ce que je viens faire aujourd'hui.

Comme je l'ai dit précédemment, et c'est le point de départ de mon travail, ces expositions ont un double but : être utile d'abord aux membres de notre Société, aux progrès de la viticulture, puis servir à l'instruction pratique du public et de la jeunesse des Écoles, comme complément des cours.

Ce projet détaillé peut se subdiviser en quatre parties principales comprenant : 1° les moyens de publicité ; 2° un catalogue descriptif ; 3° le classement et l'installation ; 4° les entrées ; enfin des considérations générales et des conclusions. Je vais entrer successivement dans quelques détails sur chacune d'elle.

### Première partie. — *Moyens de publicité : journaux, programmes.*

L'indifférence du public est grande, même pour les choses qui lui sont les plus utiles ; il est donc nécessaire, si on cherche à l'instruire, d'employer tous les moyens propres à frapper son attention.

Ici en première ligne se place la publicité dans les journaux et l'affichage. Voici comme je les comprendrais.

Sans faire de réclame, ce qui n'est convenable pour personne et surtout pour une Société, particulièrement ici, on pourrait faire publier par ces deux moyens un article un peu détaillé, comprenant : un programme sommaire de l'exposition (extrait du catalogue dont on va parler) précédé de quelques considérations sur leur utilité, les avantages que le public pourrait y rencontrer et le but que la Société s'est proposé en les établissant. On pourrait dire et entr'autres considérations : que cette collection de raisins se compose d'un choix des meilleures espèces cultivées ; *d'abord de vigne à vin*, renfermant non-seulement les cépages cultivés dans le département donnant les vins de qualité, mais surtout les cépages les plus productifs, tels que les gamays. Que toutes les personnes qui s'occupent de cette culture y trouveront une excellente occasion de bien connaître et apprécier les divers plants usités, non seulement dans le département, mais dans toute la France, ce qui leur permettrait de les comparer et au besoin d'en faire un choix ; qu'il en sera de même pour les raisins de table et de jardin.

Que tous ces raisins ont été classés et étiquetés de manière à ce que les personnes les plus étrangères à la culture de la vigne puissent, par elles-mêmes et au moyen d'un petit catalogue spécial, y trouver et conserver par devers elles tous les renseignements désirables sur leur qualité et leur rendement.

Enfin que la Société désirant mettre le plus possible à la portée de tous les connaissances pratiques relatives à l'horticulture, s'est préoccupée de fournir au public tous les moyens propres à l'intéresser et à l'instruire sur ce point : tel que ce catalogue, des entrées à peu près gratuites et presque uniquement employées au profit des pauvres, la délégation de membres pour donner les explications qui pourraient être demandées, etc.; moyens sur lesquels je vais revenir en parlant des diverses parties qui y ont rapport.

DEUXIÈME PARTIE. — *Petit catalogue descriptif.*

Rien, pour bien se rendre compte d'une exposition, et surtout pour en conserver un souvenir durable, condition très-importante ici, n'est préférable à un bon catalogue, aussi sommaire que possible, mais bien clair, bien complet, bien précis et bien substantiel. Avec son aide, un bon classement et les étiquettes descriptives que j'ai présentées, toute personne qui voudra un peu étudier, trouvera seule, à peu près tous les renseignements qu'elle peut désirer. En outre, en le conservant, il lui reste une pièce qu'elle peut toujours consulter utilement. Cependant un catalogue et surtout un catalogue dressé dans les conditions que je viens d'indiquer manque le plus souvent dans les expositions.

Ce catalogue joue ici le principal rôle, aussi suis-je obligé d'en parler avec quelques détails.

Voici comme je comprendrais qu'il fût rédigé.

J'ai présenté à la Société un projet de catalogue alphabétique et descriptif, sous forme de tableau, des cépages de la collection de M. Courtillé. Ce catalogue recevrait ici une nouvelle application, on n'aurait qu'à en extraire ce qui est relatif aux raisins exposés, dans le cas où la Société ne jugerait pas utile de se servir du catalogue complet.

Ce catalogue contient, comme on sait, pour chaque espèce, les huit indications suivantes reproduites sur les étiquettes descriptives : son nom et ses synonymes, sa couleur, son emploi, sa qualité, sa fertilité, sa maturité, son sol et sa taille. Enfin pour les vignes à raisins de table, la grosseur et la forme de la grappe et des grains.

Il serait nécessaire de faire précéder ces tableaux d'une introduction sommaire toute spéciale, sur la viticulture, l'ampélographie et les principes de la culture de la vigne, de manière à mettre les principaux d'entre eux à la portée de tous.

Le catalogue serait divisé de la manière suivante :

Deux grandes parties : les raisins à vins et les raisins de table.

*Les raisins à vin* seraient ensuite classés en deux grandes divisions : la première comprenant *les raisins à vin cultivés dans le département ;* la deuxième, ceux cultivés dans les principaux départements viticoles autres que Maine-et-Loire. Ces derniers seraient encore divisés en quatre régions : 1° la région du midi ; 2° la région de l'est et du nord-est ; 3° la région de l'ouest ; 4° celle du centre.

Dans chacune de ces divisions, on établirait ensuite deux subdivisions : la première comprenant *les raisins blancs,* la deuxième, *les raisins rouges.*

Enfin chacune de ces subdivisions serait encore

partagée en trois parties ou paragraphes, comprenant :

1° *Les raisins à vins fins* (plants peu productifs), tels que les pinots, le breton de Bourgueil, etc.;

2° *Les raisins à vins d'ordinaire et de consommation* (plants productifs), tels que les gamays, etc.;

3° *Les raisins à vins communs* (plants très-productifs) tels que le gros plant nantais et le gros rouge d'abondance, etc.

Pour les raisins de table on remplacerait ces dernières subdivisions par celles de 1$^{re}$, 2$^e$, 3$^e$ qualité. On pourrait encore rappeler sur l'étiquette, la lettre portée au plan général du jardin, indiquant la plate-bande où les ceps qui ont fourni les raisins exposés sont placés.

La Société pourrait donc faire imprimer un petit catalogue, spécial à ces expositions, mis comme nous l'avons dit à la portée de tous, d'après les indications qui précèdent. Elle pourrait d'abord le faire imprimer dans ses Annales, pour donner connaissance de la composition de ses expositions, non-seulement à ses membres, mais aussi aux Sociétés correspondantes.

Puis les frais de composition étant ainsi couverts, elle pourrait en faire faire un tirage à de nombreux exemplaires, qui ne lui coûteraient plus que le papier et le tirage.

Ce catalogue pourrait servir longtemps, car en le faisant bien complet, c'est-à-dire en y introduisant tout d'abord les espèces cultivées, comme les espèces ne varient pas ou presque pas, il n'y aurait à la rigueur qu'un supplément à ajouter au besoin pour les années suivantes. On pourrait donc, comme on le voit, faire revenir chaque exemplaire à une somme tout-à-fait insignifiante.

Troisième partie. — *Classement et Installation.*

Pour les classements, on suivrait exactement l'ordre indiqué au catalogue pour que les recherches soient aussi faciles que possible.

L'installation serait des plus simples. Il suffirait de disposer convenablement les tables de la Société, en ayant soin de placer à part et bien en évidence celles sur lesquelles on disposerait les principaux cépages cultivés dans le département.

Il suffirait à la rigueur d'un raisin bien choisi pour représenter chaque cépage, cependant autant qu'on le pourra, il vaudrait mieux en mettre plusieurs grappes dans une assiette. Si l'espace manquait, on pourrait mettre les principales espèces seulement dans des assiettes. Il serait utile de placer au moins de 300 à 350 espèces (M. Guyot indique 60 espèces à vin fondamentales; M. Rendu, 140; le catalogue A. Leroy porte 150 espèces à vin et 350 espèces à raisins de table; la collection Courtillé se compose de 660 espèces, mais il y a des synonymes. La Société industrielle a exposé environ 350 espèces).

Dans tous les cas, on devrait placer sur chaque espèce de raisin une étiquette descriptive, imprimée autant que possible, dans le genre de celles proposées précédemment ę la Société pour les arbres fruitiers.

Si ces étiquettes étaient adoptées, il y aurait peut-être avantage à les faire imprimer en même temps que celles en fer-blanc imprimé, destinées à être placées à demeure sur les ceps du jardin. On pourrait peut-être aussi s'entendre avec M. Magré pour faire fabriquer ou imprimer en même temps des étiquettes semblables pour les deux villes. Elles coûteraient moins cher, et il pourrait d'ailleurs encore en résulter d'autres avantages, surtout si on pouvait parvenir à généraliser ce mode d'opérer en commun.

La même observation comme reproduction pour les expositions suivantes s'applique ici pour les étiquettes comme pour le catalogue.

Il serait bien utile encore de placer le long des murs, debout sur la table où ils ne tiendraient pas de place, classée dans le même ordre, la collection des raisins à vin cultivés dans le département, dont chaque cépage serait représenté par une portion de bourgeon comprenant au moins un mérithale entier et deux fragments avec un raisin et plusieurs feuilles. On aurait ainsi des données complètes sur les parties importantes, permettant de faire bien connaître et d'étudier son ampélographie.

QUATRIÈME PARTIE. — *Entrées.*

Je dois encore traiter cette question avec quelques détails.

Ces expositions ont, pour moi du moins, surtout un but d'utilité générale, comme je l'ai dit en commençant; je désirerais donc que la plus grande partie du public fût mise à même d'y être admise. Elles devraient donc être d'abord faites dans les conditions les plus larges et les plus libérales.

Voici comme je comprendrais que les entrées fussent
réglées pour arriver à ce résultat.

L'exposition durerait deux jours, compris un dimanche.

Le premier jour, le dimanche, le prix d'entrée serait
fixé de 0 fr. 10 à 0 fr. 15 au plus et en outre donnerait
droit à un catalogue. Sur le prix, on prélèverait seulement les frais de surveillance et d'installation presque
nuls et au plus ceux de revient du catalogue. Je dis au
plus car je désirerais, autant que possible, que le catalogue pût être offert gratuitement par la Société. Le
reste des prix d'entrée serait remis pour les pauvres au
bureau de bienfaisance de la ville.

Le deuxième jour, le lundi, jusqu'à midi, l'entrée
serait entièrement gratuite, on pourrait peut-être placer
seulement un tronc pour les pauvres.

A partir de midi l'entrée serait exclusivement réservée
aux élèves les plus avancés de nos principales écoles,
sous la conduite de leurs professeurs.

La Société adresserait dans ce but une lettre d'invitation à M. l'Inspecteur d'Académie, pour être trans-
mise aux Instituteurs et particulièrement à l'École
normale primaire pour les élèves de laquelle cette visite
pourrait être particulièrement d'application, qui peuvent
être les plus utiles auxiliaires dans l'œuvre de propagation dont il va être parlé. Il serait remis gratuitement
pour chaque école un certain nombre d'exemplaires du
catalogue pour être distribués comme encouragement
aux élèves qui ont suivi avec le plus d'aptitude le cours
du jardin fruitier, ou qui montreraient le plus de disposition pour ce genre d'étude.

Enfin pendant la durée de l'exposition, deux membres

du comité de viticulture, l'un pour les raisins à vin, l'autre pour les raisins de table, se tiendraient dans la salle pour donner au public les renseignements qui pourraient leur être demandés. Je ne doute pas que nos honorables collègues ne s'empressent de remplir près de nos concitoyens et des jeunes élèves de nos écoles une aussi louable mission.

### Considérations générales et conclusions.

Mon but, comme je viens de le dire, serait d'arriver autant que possible presqu'à la gratuité, mais même si on voulait se placer au point de vue des recettes, je crois qu'en réduisant le prix d'entrée presque à rien, on aurait un bien plus grand nombre de visiteurs et il pourrait encore y avoir avantage.

Les visiteurs auraient ainsi, et pour une somme insignifiante, un triple mobile : visiter une exposition intéressante, acheter un bon guide qui, conservé, mettrait à leur disposition un petit livre instructif pouvant être très-utile à la plupart d'entr'eux et qu'on ne pourrait se procurer ailleurs; enfin faire un acte de charité.

De son côté, la Société aurait aussi rempli un triple but des plus louables : faire visiter une collection intéressante par ses membres et par le plus grand nombre; répandre dans le public une instruction pratique et professionnelle qui s'applique à une culture si importante dans notre pays, enfin contribuer au soulagement des pauvres.

Quant à la visite des élèves avancés dans nos écoles M. le ministre de l'Instruction publique a déjà, comme on sait, dans une circulaire récente, recommandé aux

instituteurs de faire faire à leurs élèves des promenades
utiles ; on rentrerait donc ici, par cette importante innovation, entièrement dans les vues de l'Administration.
Ces connaissances ne seraient assurément pas en dehors
de la portée de ces jeunes gens. La Société en a tous les
jours la preuve par ces cours publics, plus compliqués,
qu'ils fréquentent assidûment et avec succès.

En effet, il ne s'agit point ici d'un cours complet
sur la culture de la vigne, mais de profiter de la réunion
de spécimens nombreux et variés, classés de manière à
mettre tout particulièrement en évidence ce qui est important pratiquement, permettant de faire toutes espèces
de comparaisons propres à donner des notions élémen-
taires et substantielles. Appuyées de ces exemples, elles
se graveraient dans leur esprit et dans celui du public
de la manière la plus complète possible.

Car rien n'est tel pour obtenir ce résultat que l'enseignement des yeux, qui joue ici un si grand rôle. Je suis
convaincu qu'avec ces expositions, nos écoles appliquées,
les cours, au bout de quelques années on arriverait à vulgariser dans le public, au moins autant que la taille des
arbres fruitiers, la connaissance de la culture de la vigne
à vin, ce qui assurément serait un véritable service
rendu.

Il serait bien à désirer que l'exposition eût lieu dès
cette année. Comme nous la proposons elle est incontes-
tablement utile, toute exceptionnelle, et n'entraîne
aucun frais. C'est, si on peut s'exprimer ainsi, une réunion de famille entre citoyens, où la vigne occupe toute
la place et dans laquelle son étude, par la manière complète dont elle est classée, par son catalogue, ses étiquettes

descriptives, les renseignements fournis par les membres de la Société, est rendue aussi facile qu'attrayante et durable. On ne peut donc, ce me semble, faire jouir trop tôt le public, car c'est quelque chose que de gagner une année dans les enseignements de cette nature.

En se plaçant même dans les plus mauvaises conditions, c'est-à-dire en supposant, ce qui est peu probable si on a bien soin de faire ressortir l'utilité toute spéciale de ces expositions de raisins, comme je l'ai indiqué en commençant à l'article *publicité*, que le public ne répondrait pas à l'attente de la Société, il ne pourrait y avoir d'inconvénient au point de vue de la dépense insignifiante, on le comprend. La Société aurait toujours fait tout ce qui aurait dépendu d'elle pour remplir immédiatement une mission de progrès qui ne peut que contribuer avec les autres créations que j'ai proposées à lui mériter le titre si honorable de *Société d'utilité publique*. Je ne puis donc que proposer qu'il soit établi des expositions annuelles de raisins au local de notre Société, et que ces expositions aient lieu dès cette année.

3 juin 1873.

## Projet d'étiquetage de la Collection de vignes de la Société et présentation d'un nouveau modèle général d'étiquettes pour les arbres fruitiers et d'ornement.

Je viens entretenir la Société de deux propositions qui se complètent et dont je vais parler successivement.

1ʳᵉ Proposition : *Etiquetage de la collection de vignes de la Société.*

M. Courtillé, qui, par ses patients et savants travaux, a doté la ville de Saumur de créations si importantes, a offert à notre Société une collection de vignes des plus variées et des plus complètes.

Cette collection prise parmi les meilleurs cépages de celle établie par M. le comte Odart, à la Dorée, près Tours, le maître et le créateur de l'ampélographie française, mérite assurément d'appeler l'attention de la Société. Cependant elle n'a pas encore été étiquetée et un certain nombre de ceps manquent.

J'ai pensé qu'il serait bien utile d'y placer des étiquettes, qui ne peuvent entraîner, comme je vais l'indiquer, de dépenses sérieuses et de remplacer immédiatement les ceps manquants. Les légères dépenses qui pourraient en résulter, seraient d'autant plus faciles à faire, que nos ressources, comme on l'a dit à la séance précédente, sont très-satisfaisantes. Les cépages composant la collection sont au nombre de 660 espèces environ, un

certain nombre sont répétés ou peu importants. Ils peuvent se diviser en trois parties : ceux placés à l'entrée du
jardin, ceux placés dans la plate-bande au fond, enfin
ceux placés en pépinière dans la plate-bande, côté de la
rue des Lices.

1° Les *Cépages placés à l'entrée du jardin*, formant la
collection de choix du donateur, conduits en général en
cordon vertical, se composent actuellement de 72 ceps
dans la plate-bande de gauche et de 40 dans celle de
droite, en tout 112 ceps, ci . . . . . . 112 ceps.

Ces ceps sont déjà forts et portent aujourd'hui, seulement le numéro d'ordre du
catalogue, indication insuffisante pour faire
connaître leurs noms immédiatement, surtout au public. C'est pour cette première
partie qu'il serait indispensable de placer
immédiatement des étiquettes et de procéder au remplacement des pieds manquants.

2° Les *Cépages placés au fond du jardin*,
disposés en général en double cordon horizontal, sont moins forts que les précédents, ils
sont au nombre actuellement de 65 dans la
plate-bande de gauche et de 66 dans celle
de droite, en tout 131 , plus les manquants
comme pour la première partie.

Leur étiquetage et leur remplacement
viendraient ensuite, ci. . . . . . . 131 ceps.

Total non compris les manquants, ci. . 243 ceps.

3° Les *Cépages placés dans la plate-bande, côté de la rue
des Lices*. Quant à ces cépages placés en pépinière, il n'y a

pas lieu 'aujourd'hui de les étiqueter, en général du moins. Quoique leur exposition soit mauvaise (c'est celle du nord), on pourrait cependant y maintenir un certain nombre de cépages les plus propres à cette exposition, tout en réservant le reste de la plate-bande comme pépinière de remplacement. Cette disposition permettrait d'espacer un peu plus les cépages dans le reste du jardin, d'en placer le plus grand nombre possible, et de conserver entière cette riche collection, qui à part l'enseignement sérieux qu'elle peut procurer, pourrait encore fournir dans quelques années, les raisins nécessaires à une exposition spéciale et annuelle dont je parlerai plus tard.

La partie de la collection à étiqueter dès à présent pourrait donc être réduite de 250 à 300 espèces au plus et en supposant qu'on y plaçât des petites étiquettes en faïence comme celles dont il va être parlé (celles de l'école de taille en fonte sont cotées 0 f. 15 c.), estimées aussi à 0 f. 15 c., on arriverait donc à une dépense totale de 75 fr. au maximum. Si on trouvait cette dépense élevée on pourrait la fractionner en plusieurs années en suivant l'ordre indiqué ci-dessus, ce qui donnerait pour la première partie environ 20 fr. et pour les deux premières environ 45 fr.

Il existe un catalogue manuscrit complet de cette collection. Rien ne serait donc plus facile que cet étiquetage, il n'y aurait qu'à y copier le nom des cépages de celle de ces parties qu'on voudrait exécuter.

L'étiquetage de la première partie au moins, me semble être une mesure des plus urgentes, comme je l'ai dit en commençant.

2

Je ne parle pas ici des cépages de la plate-bande du fond du jardin qui a besoin d'être replantée entièrement.

2ᵉ PROPOSITION : *Présentation d'un nouveau modèle d'étiquettes générales, pour les arbres fruitiers et d'ornement.* (Voir la planche 1.)

Un bon étiquetage est assurément une chose très-importante. Pour moi, une étiquette devrait être aussi complète que possible et donner des indications suffisantes pour faire bien connaître à tous l'utilité de la plante qui la porte. Cependant jusqu'ici les étiquettes m'ont paru très-incomplètes, car elles ne donnent *que le nom seul de la plante.* Ainsi restreintes, elles n'apprennent à peu près rien à ceux qui n'ont pas de connaissance en horticulture, ou qui n'ont pas, par des ouvrages spéciaux ou autrement, des moyens de se renseigner plus complètement, et c'est assurément le plus grand nombre. Les étiquettes actuelles, beaucoup trop sommaires, obligent à avoir recours soit à un catalogue, soit à un ouvrage plus étendu. Elles sont donc très-insuffisantes non-seulement pour le public en général, mais encore pour beaucoup de personnes qui ne s'occupent pas d'une manière spéciale d'arboriculture.

Il m'a donc semblé qu'il y avait utilité pour tous, de rechercher une étiquette qui, sans trop sortir des limites des étiquettes actuelles, comme grandeur et comme prix, pût faire connaître par une simple lecture, les principales indications pratiques se rapportant à un arbre fruitier quelconque, mettant ainsi ces indications à la portée du plus grand nombre. Ces étiquettes permettraient de répandre, de vulgariser pour ainsi dire les connaissances horticoles et la culture des bonnes espèces d'arbres fruitiers, culture aussi intéressante qu'utile qui a pris et tend à prendre tous les jours un plus grand développement, grâce aux efforts persévérants de notre Société et des Sociétés analogues.

C'est surtout dans des jardins tels que notre jardin fruitier, destiné à être visité par le public et à son instruction pratique, que l'on devrait s'attacher à en faire l'application et où elles pourraient plus particulièrement fournir aux nombreuses personnes qui les fréquentent un enseignement élémentaire complet, sérieux et immédiat, à la portée de tous. Ces étiquettes auraient encore l'avantage de développer le goût de cette culture et de les engager à s'y livrer d'une manière plus complète par l'étude du cours et des ouvrages plus étendus.

Pénétré de ces idées, j'ai donc étudié et composé un mode général d'étiquetage des arbres fruitiers, répondant autant que je l'ai pu aux conditions que je viens d'indiquer.

Ce sont ces étiquettes que j'appellerai : *Étiquettes descriptives*, dont je viens présenter des spécimens à l'appréciation de la Société. Je les ai divisées en deux séries : 1° *Celles spéciales à la vigne*, 2° *Celles générales aux autres arbres fruitiers*.

1° *Étiquettes spéciales à la vigne.*

Ces étiquettes porteraient quatre lignes de mots, comme certaines étiquettes de l'école générale de taille. D'abord et en tête, sur les deux premières lignes, *le nom du cépage*. Sur la troisième : 1° *sa couleur*, blanc ou rouge, 2° *sa fertilité*, s'il est fertile, peu fertile, ou moyennement fertile ; 3° *son emploi*, si c'est un cépage à vin : s'il donne des vins fins, des vins d'ordinaire ou des vins communs ; si c'est un cépage à raisin de table : s'il donne des fruits de première, de deuxième ou de troisième qualité ; enfin, s'il est mixte, c'est à dire en même temps à vin et de table. Sur la quatrième ligne : 1° *sa maturité ;* pour les cépages à vin : si elle est hâtive, moyenne ou tardive ; pour les cépages à raisin de table : dans quels mois elle a lieu et si c'est au commencement ou à la fin, 3° enfin *sa taille*, si le cépage se taille le plus ordinairement court ou long, ou si elle est mixte, c'est-à-dire si elle se fait des deux manières , comme pour le pineau de la Loire, dans l'arrondissement de Saumur notamment, et en indiquant encore, pour les raisins de table principalement, la forme de la grappe. Ces modèles sont au nombre de trois : 1° Un pour les vignes à vin, 2° un pour celles à raisins de table, 3° un pour celles mixtes.

2° *Etiquettes spéciales aux arbres fruitiers, autres que la vigne.*

Ces étiquettes porteraient également quatre lignes de mots. On placerait aussi sur les première et deuxième lignes le nom de l'arbre; puis sur la troisième ligne : 1° la qualité de son fruit : s'il est de première, de deuxième ou de troisième qualité ; 2° *sa grosseur,* s'il est gros, moyen ou petit ; 3° *sa maturité,* le mois où elle a lieu et si c'est au commencement, au milieu ou à la fin. Sur la quatrième ligne : *sa fertilité*, s'il est fertile, peu fertile, très-fertile ; 4° *son exposition*, si c'est celle du levant, du midi, ou si toutes lui conviennent. Enfin, au bas de l'étiquette, s'il est ancien ou nouveau.

Pour ne pas trop multiplier les figures, on a pensé qu'il était suffisant de donner un seul modèle de ces étiquettes générales, qu'avec des modifications insignifiantes on pourra appliquer à tous les arbres. Les noms des plantes pourraient peut-être être mis sur une seule ligne, ce qui donnerait de l'espace et permettrait de diminuer les abréviations.

Je viens donc, si la Société adopte ce nouveau mode d'étiquetage, lui proposer d'en faire immédiatement l'application, au moins à la partie de choix de notre belle collection de vignes de M. Courtillé.

*Nota.* — On a supprimé le tableau indicateur et les modèles relatifs à la composition des étiquettes qui précèdent pour les remplacer par ceux de l'appendice plus complets et définitifs. (Voir la planche ci-annexée.)

## APPENDICE.

### Modifications du projet d'étiquettes descriptives présentées sur la demande du Comité des arts et industrie horticole.

(Voir les modèles de la planche ci-annexée.)

Le comité chargé par la Société d'examiner le projet d'étiquettes descriptives, ayant manifesté le désir de voir supprimer les tableaux indicateurs des abréviations des étiquettes, m'avait demandé d'étudier un nouveau projet, ne portant s'il est possible que peu ou point d'abréviations. Ces tableaux n'avaient d'ailleurs qu'un seul but, celui d'y placer toutes les indications dont on a parlé avec des lettres de la grandeur de celles ordinaires qu'on y emploie.

Il lui avait été communiqué des spécimens d'un mode d'impression sur papier ou sur plaque métallique, dont il est parlé à son rapport, au moyen duquel on pourrait placer sur ces étiquettes toutes espèces de lettres, même celles des plus petits caractères.

Pour satisfaire à cette demande, que ce mode d'impression permettait de réaliser, j'ai dressé des spécimens de nouvelles étiquettes où les caractères plus petits permettent, sans changer les dimensions ordinaires des étiquettes actuelles, d'inscrire avec des mots accessibles à tous, les diverses indications donnant tous les renseignements ùtiles sur un arbre fruitier quelconque.

Il résulte des spécimens que la Société a fait faire que l'on peut exécuter ces étiquettes de diverses manières et à des prix relativement peu élevés, ce qui permet de les rendre très-pratiques pour les amateurs, les Sociétés savantes, les jardins publics et même les horticulteurs qui ont des écoles de collection.

On peut même leur donner une application plus générale et les étendre à tous les arbres et arbustes d'utilité ou d'agrément en leur faisant subir de légères modifications appropriées à la nature de la plante.

On indiquera : 1° leur nom ; 2° si ce sont des arbres ou des arbrisseaux, leur hauteur ; 3° s'ils sont d'ornement ou d'utilité, c'est-à-dire s'ils appartiennent à l'horticulture ou à la culture maraîchère ; 4° s'ils sont à feuilles persistantes ou à feuilles caduques, et pour les plantes herbacées et les arbrisseaux, s'ils sont annuels, bisannuels ou vivaces ; 5° la couleur de la fleur ; 6° la terre qui leur convient ; 7° enfin leur meilleure exposition.

Je donne ci-joints deux nouveaux modèles applicables aux arbustes d'agrément.

Indépendamment de ces étiquettes, il sera toujours utile de faire un catalogue plus explicatif; dans ce cas on inscrirait le numéro correspondant en tête de l'étiquette.

Il serait bon de profiter de l'invitation faite par M. Magré, de Nantes, président par intérim de la Société d'horticulture, pour rédiger le catalogue en commun en se soumettant réciproquement le catalogue dressé par chacun. Je crois même qu'en agissant ainsi on pourrait plus tard se mettre d'accord avec d'autres départements, à étendre cette mesure à la France et arriver à un catalogue général. Cette idée peut présenter quelques difficultés, mais ne me semble pas impraticable.

Pour faire profiter dès aujourd'hui le public de l'enseignement qu'elles peuvent lui procurer, nous venons demander à la Société d'en faire faire immédiatement cent au moins, pour être placées dans son jardin, d'abord sur les cépages composant son école spéciale de vignes, soit quarante environ; puis trente sur les arbres fruitiers bordant la grande allée et trente sur les plantes d'agrément, soit de sa pelouse, soit des massifs d'entrée. Il serait à désirer que ces étiquettes fussent placées avant l'exposition horticole.

15 juillet 1873.

## Projet général d'expositions permanentes d'objets divers relatifs aux arts et à l'industrie horticole, à établir au Jardin fruitier.

Depuis un certain nombre d'années déjà, grâce aux efforts persévérants de savants et d'hommes pratiques aussi éclairés que dévoués au progrès, aux expositions, aux sociétés savantes, toutes les branches des arts et de l'industrie nationale ont pris un développement successif considérable, qui a réalisé partout des améliorations aussi utiles que variées.

Au milieu de cette impulsion générale, les arts et l'industrie horticole ont tenu honorablement leur place, qui pour n'être pas la plus brillante, n'en est pas moins importante. En effet, qui n'a vu et remarqué ces nombreux modèles de kiosques, châlets, entourages, siéges, vases, etc., aux formes variées et élégantes qui, le plus souvent, viennent s'harmoniser de la manière la plus heureuse avec les dispositions si attrayantes des massifs d'arbres et de fleurs de nos squares et de nos jardins publics?

La ville d'Angers présente une horticulture remarquable et presque unique. Ses produits si variés remplissent nos boulevards et nos belles promenades, qui charment et attirent tout d'abord les étrangers. Mais ces promenades, quelqu'attrayantes qu'elles soient, manquent cependant encore de ce complément si utile que pourrait leur apporter le concours des arts et de l'industrie horticole.

*PROJET DE NOUVELLES*

# ETIQUETTES DESCRIPTIVES

*Pour les Arbres fruitiers et d'ornement*

tendant à la Vulgarisation de l'Instruction professionnelle

*par A.r Giffard.*

1ᵉ CATÉGORIE . — Spécimens d'Etiquette pour la Vigne.

*1.ᵉ Cépage à raisin à vin.*       *2.ᵉ Cépages à raisin de table.*

BLANC

## PINEAU DE LA LOIRE

à VIN, fin — Peu fertile — TAILLE, courte,
SOL, maigre — MATURITÉ, tardive,
10 à 14 degrés.

BLANC

## CHASSELAS DE MONTAUBAN

de TABLE — 1.ʳᵉ Qualité — très fertile,
MATURITÉ, fin Août — GRAPPE, grosse,
EXPOSITION — Toutes.

2ᵐᵉ CATÉGORIE . — Spécimens d'Etiquettes pour les autres Arbres.

*1.ᵉ Arbres fruitiers ( Poirier ).*       *2.ᵉ Arbres d'ornement ( Arbre vert ).*

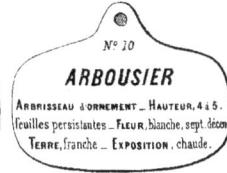

N° 60

## BEURRÉ D'ARENBERG

1ʳᵉ Qualité — Grosse — MATURITÉ, nov. févr.
FERTILITÉ, moyenne — EXPOSITION, midi, levant,
FORME, pyramide

N° 10

## ARBOUSIER

ARBRISSEAU d'ORNEMENT — HAUTEUR, 4 à 5.
feuilles persistantes — FLEUR, blanche, sept. décem.
TERRE, franche — EXPOSITION, chaude.

*Lith. Pinchesse, Reconing, Poitiers, à Angers.*

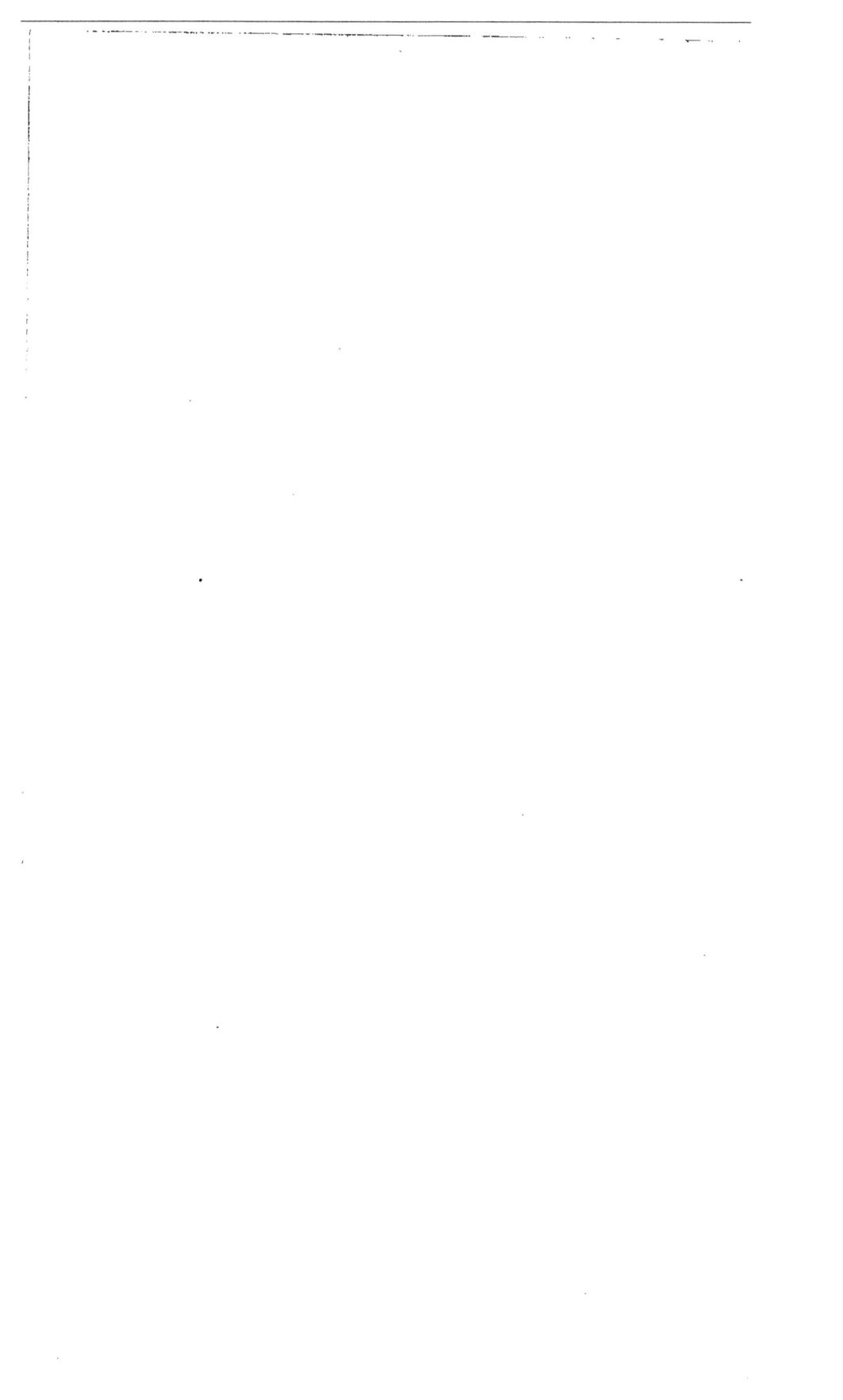

La Société d'horticulture possède au centre de la ville un vaste jardin fréquenté du public ; mais ce jardin, comme les autres promenades de la ville, laisse aussi à désirer sous ce rapport.

Notre Société a déjà pris d'importantes initiatives, telles que celles d'un Cours d'arboriculture et de viticulture ; d'autres, non moins importantes, sont à l'étude. Persévérant dans cette voie si louable, elle pourrait encore, bien utilement je crois, donner place dans sa pelouse d'entrée, dans les larges et longues allées et autour des carrés et des plates-bandes de son vaste jardin, à des spécimens variés et aussi complets que possible de tous les objets que nous venons d'indiquer sommairement.

Elle pourrait en former une espèce d'exposition permanente, de musée horticole, et contribuer par cette nouvelle initiative au développement d'une branche si utile de l'horticulture, pour laquelle elle a organisé un comité spécial.

Rien ne semblerait plus facile et en même temps plus intéressant à réaliser, en partie du moins.

Le comité des arts et de l'industrie horticole dresserait un plan du jardin et un projet groupant, par nature, les diverses espèces d'objets si nombreux qui s'y rapportent, en tenant compte des formes les plus nouvelles et les plus perfectionnées, et désignerait ceux d'entre eux qui pourraient y être placés. Il en rédigerait un programme, qui pourrait comprendre les quatre divisions suivantes :

1<sup>re</sup> Division. — *Pelouse d'entrée.*

Siéges, corbeilles, petites vasques, statuettes, bustes

en pierre, fonte, terre cuite, béton comprimé, etc., vases, poteries diverses d'ornement.

### 2ᵉ Division. — *Allées du jardin.*

Siéges, vases, poteries d'ornement, tonnelles, petites serres, etc.

### 3ᵉ Division. — *Pourtour et arbres des carrés et des plates-bandes.*

Étiquettes, entourages, espaliers, etc.

### 4ᵉ Division. — *Pavillon d'expositions variées, publiques et permanentes, des mêmes objets et de collections se rapportant à l'horticulture.*

Découpures, dessins spéciaux, bouquets, fleurs, fruits nouveaux, etc. — Collections horticoles.

Puis la Société publierait ce programme en faisant appel aux divers industriels qui voudraient bien lui offrir des spécimens de ces objets. Il serait à désirer que ces objets deviennent sa propriété en prenant place dans son jardin, dont ils formeraient ainsi un véritable aménagement.

On doit bien considérer ici que ces expositions seraient permanentes et variées, qu'elles auraient lieu dans un jardin déjà fréquenté du public, placé au centre d'une ville de 60,000 habitants renommée par son horticulture et chef-lieu d'un département riche et des plus beaux de la France. Il y a donc lieu de penser que non-seulement nos industriels angevins, mais encore les grandes maisons industrielles, enverraient des spécimens.

Une liste serait arrêtée, et MM. les industriels admis

seraient autorisés à placer sur les objets offerts, leur adresse et une étiquette descriptive. Ils trouveraient dans de semblables expositions, la faculté de mettre ainsi, à toute époque et pendant le temps qu'ils le désireraient, leurs produits sous les yeux du public. Elles seraient donc pour eux un très-bon moyen de les faire connaître et apprécier, et peut-être même d'en obtenir directement un placement avantageux.

D'un autre côté, le public et les personnes qui s'occupent de jardins, de parcs, y trouveraient des modèles variés et des occasions faciles de s'instruire ou de faire un choix. Enfin les étrangers pourraient ainsi apprécier dans son ensemble, notre industrie horticole.

Nous irons même plus loin. Il serait possible de trouver dans notre jardin, puisqu'on l'a fait pour l'exposition projetée, un emplacement pour y disposer un pavillon, un kiosque ou bâtiment quelconque, pour la construction duquel chaque industriel pourrait apporter pour ainsi dire sa pièce. On y exposerait publiquement et d'une manière permanente des objets réclamant un abri, ayant trait à l'horticulture, et y placer par exemple des spécimens de dessins de jardins, de plantes, d'outils, de bouquets, de fruits, de fleurs ou de plantes nouvelles de petit volume.

On pourrait peut-être aussi placer pendant un temps plus ou moins long, et suivant les cas, dans ce bâtiment ou dans les corbeilles de la pelouse, les fleurs, les fruits ou les plantes exposées dans les réunions et ayant mérité des jetons d'encouragement, portant les noms des exposants.

Enfin, si on décidait de lui donner une certaine éten-

due, il serait bien utile d'y placer des collections horticoles : fleurs, fruits, etc., comme je les ai indiquées
dans ma brochure sur la *Vulgarisation de la botanique*,
*Musée*, offerte à la Société.

Il est bien entendu que ce projet ne serait réalisé entièrement que successivement, au fur et à mesure des
offres qui seraient faites à la Société. Cependant, si
l'exposition projetée donnait un bon résultat financier,
la Société ferait bien d'acquérir un certain nombre d'objets de la nature de ceux que je viens d'indiquer parmi
ceux exposés ; ce serait en même temps une récompense
et un encouragement aux exposants. Il y aurait là une
bonne occasion à saisir ; c'est ce qui rend ce projet opportun.

Je crois que s'il était possible, soit avec l'aide de l'administration ou autrement, de parvenir dans un temps
donné à la construction d'un petit bâtiment d'exposition
permanente, il en résulterait pour la Société et pour le
public des avantages sérieux. Je ne puis donc qu'insister
ici sur ce point.

Une difficulté serait peut-être dans la surveillance ;
mais on pourrait alors ne l'ouvrir complétement au public que le dimanche, à des heures déterminées, en le
faisant surveiller par un des ouvriers de M. Olivier ou
autre. La dépense serait peu élevée et je crois que la
Société en serait largement récompensée par son utilité.
Il est probable même qu'il lui serait alloué des subven-
tions, soit de la part de la ville, soit même de celle du
Conseil Général. Enfin, d'autres sociétés horticoles de
France pourraient suivre cet exemple. La ville d'Angers
même, pourrait les étendre à son Jardin du Mail, ou

en raison de l'étendue et de la position de ce jardin, elles acquerraient une réelle importance, tout en contribuant encore, de la manière la plus heureuse, par ces statues et ces objets artistiques si divers, à l'embellissement d'une promenade déjà si recherchée et si appréciée des étrangers.

Pour encourager encore les expositions, la Société pourrait fonder des jetons donnant droit à des mentions honorables ou à des médailles spéciales.

En résumé, je viens présenter à l'examen de la Société un projet général qui aurait, sans occasionner de dépenses sérieuses, pour une notable partie du moins, les nombreux avantages : de servir à l'instruction pratique du public par la formation de cette espèce de musée horticole, d'être un encouragement moral et pécunier aux arts et à l'industrie horticoles, de compléter et d'orner son jardin, tout en donnant autant qu'il est possible aux étrangers, une idée générale de l'état de ce genre d'industrie dans notre pays.

Enfin de transformer notre jardin fruitier en une véritable promenade, qui en raison encore de son heureuse position centrale, en ferait une annexe, aussi agréable qu'utile pour l'étude, de nos boulevards et de nos jardins du Mail et de la Préfecture.

Si la Société approuve ce projet général, je lui présenterai ultérieurement le projet détaillé de ces expositions.

10 mai 1873.

# Projet détaillé de construction d'une salle destinée à des expositions permanentes et à un musée horticole, et d'établissement d'écoles plantées des principales plantes usuelles.

## Voies et moyens d'exécution.

La Commission nommée par la Société pour examiner le projet général d'expositions permanentes, après l'avoir approuvé dans son ensemble, a particulièrement reconnu l'utilité de la construction d'une salle et admis en principe cette partie du projet. En présence de ces conclusions et pour que la Société puisse être bien à même de se prononcer avec connaissance de cause, j'ai dû, comme je l'avais dit précédemment, entrer dans les détails et dresser des croquis les plus complets possible se rapportant à ces trois principales parties et une estimation approximative de la plus importante, la construction d'une salle annexe. Ces pièces se divisent ainsi qu'il suit : 1° La construction d'une salle annexe, se composant d'une élévation, d'un plan et d'une coupe ; 2° le plan de la pelouse et des terrasses d'entrée ; 3° le plan du jardin fruitier proprement dit ; 4° j'ai offert en outre à la Société : le plan détaillé du musée horticole des matières premières et celui des matières ouvrées ; le plan détaillé des écoles spéciales des plantes usuelles et du nouveau jardin, qui ont dû être joints au projet de vulgarisation de la botanique.

Les expositions se diviseraient en deux parties : celles

intérieures, placées dans la salle à construire et dans la salle actuelle au besoin ; celles extérieures, placées dans les diverses parties du jardin.

Je vais examiner le plus sommairement possible ces trois parties du projet.

1re Partie. — *Salle annexe pour les expositions permanentes intérieures.*

§ 1er. Construction.

1o **Dispositions générales.**

Cette salle serait construite sur l'emplacement de la terrasse placée en face la salle actuelle de la Société, avec laquelle elle communiquerait par la porte placée au milieu.

Ces dispositions se rapprocheraient de celles d'une serre élégante.

2o **Dispositions extérieures.**

Elle aurait 20^m de longueur sur environ 5^m de largeur, soit 100^m superficiels ; la surface de la salle actuelle étant sensiblement la même, les deux salles donneraient une surface totale de 200^m, largement suffisante, je crois, pour des expositions partielles et permanentes. Elle serait nécessairement couverte en verre, avec charpente en fer, pour permettre de conserver la clarté de la salle actuelle. On répéterait intérieurement et extérieurement la disposition des ouvertures et des pilastres actuels. La hauteur de la salle à construire, forcément limitée par celle de la salle actuelle, serait de 4^m,40 environ du côté de cette salle, c'est-à-dire que le toit en verre viendrait se raccorder sous la corniche, entre les deux

pavillons, et pour donner à ce toit en verre une pente suffisante, on serait forcé d'arrêter cette hauteur du côté du
jardin à celle des chapiteaux des pilastres, 3ᵐ,30 environ.
On ménagerait seulement dans la façade côté du jardin
trois ouvertures, une au milieu et une à chaque extrémité, près les pavillons, sur les six existants. Elles seraient
suffisantes, avec le toit et la porte d'entrée de la façade
donnant sur la pelouse, faite dans le prolongement de
celle de la salle actuelle, pour y donner de l'air et de la
lumière.

Dans la façade sur le jardin, on remplirait les inter-
valles restant entre les pilastres, par une mosaïque en
briques rouges et blanches ou noires, posées à plat,
comme celles du cirque ou du jardin du Mail, et on
joindrait les chapiteaux par une marquise en zinc servant en même temps de cache-gouttière. La façade côté
de la pelouse serait faite entièrement en tuffeaux blancs,
et mise en harmonie avec celle de la salle actuelle. On
pourrait l'enrichir en disposant de chaque côté de la
porte des panneaux, dans lesquels on pourrait peut-être
peindre des briques en mosaïque, et surmonter cette
porte d'un fronton avec un écusson aux armes de la ville
et une inscription portant ces mots : *Salle annexe d'exposition permanente et musée horticole et industriel.*

### 3° Dispositions intérieures.

On établirait d'abord autour de la salle, des tables fixes
supportées par des consoles en bois découpé et bordées
aussi de la même manière. Au-dessous seraient établis,
sur un rayon et tout autour de la salle, des cartons d'herbier. Au-dessous de ces cartons, on pourrait encore

placer un rang de plantes en pots, renfermées par un
treillage bas, formant une bordure élégante. Au-dessus
de ces tables seraient placés cinq rangs de tablettes,
destinées à supporter les échantillons du musée horticole. Enfin, le centre de la salle serait disposé en trois
grands massifs, destinés à recevoir des expositions de
fleurs ou d'objets industriels se rapportant à l'horticulture. Celui du milieu, circulaire, pourrait être orné d'un
petit bassin avec une petite vasque, ou un piédestal
supportant une gracieuse statue de femme (moulage en
plâtre), la Diane de Gabies par exemple.

### § 2. Aménagement.

Cette salle annexe est destinée à recevoir : des expositions intérieures diverses et un musée horticole et
industriel.

#### 1° Expositions.

*Des diverses expositions intérieures que l'on pourrait faire dans
cette salle.*

Ces expositions pourraient être de trois genres diffé-
rents :

1° *Celles entièrement permanentes*, se composant du
musée horticole et industriel ;

2° *Celles particulières et successives*, se rapportant à
quelques objets isolés : des fleurs, des plantes, des fruits,
des objets industriels concernant l'horticulture, sur
lesquels on désirerait particulièrement appeler l'attention
du public. On pourrait rendre ces expositions très-mul-
tipliées ; leur succession formerait alors dans leur
ensemble, pour ainsi dire une exposition permanente
horticole et industrielle ;

3

3° *Celles partielles momentanées*, plus générales, se rapportant à toute une branche de l'horticulture, de la floriculture, etc., comprenant un ensemble d'objets propres à remplir la salle en grande partie, sinon en totalité, telles que des expositions de fruits, de fleurs, etc.

Ces dernières expositions pourraient être faites particulièrement de la manière suivante :

*Expositions de fruits.* — Ces expositions seraient d'abord faites sur les tables placées à demeure autour de la salle et au besoin sur des tables disposées momentanément dans le milieu, et même, si cela était utile, étendues jusque dans la salle actuelle de la Société. Les tables, placées à demeure, auraient une largeur de $0^m55$, permettant d'y placer deux rangs d'assiettes sur $20^m$ de longueur de chaque côté, et $5^m$ au fond, soit un développement de $45^m \times 2 = 90^m$, qui à raison de quatre assiettes par mètre, donneraient place pour trois cent soixante assiettes au moins, permettant d'y placer par exemple autant de variétés de raisins. On pourrait les augmenter et les doubler même, en plaçant des tables au milieu de la salle et au besoin dans celle actuelle, comme il vient d'être dit. Si on voulait exposer des fruits, en comptant sur $0^m07$ pour chaque en moyenne, soit quatorze par mètre sur $45^m$, on pourrait en placer six cents environ par rang, et comme on pourrait les placer sur dix rangs, on aurait sur ces tables l'espace nécessaire pour en placer six mille, sans parler des tables qu'on pourrait placer au milieu au besoin. On pourrait donc ainsi avoir un espace très-suffisant pour ce genre d'exposition.

*Expositions de fleurs.* — Elles pourraient avoir lieu

d'abord sur les tables autour de la salle et au-dessous, développant 50ᵐ, ensuite dans l'intérieur, dans les trois plates-bandes que l'on y a ménagées, ayant 1ᵐ,80 de largeur sur 15ᵐ de longueur environ.

*Expositions d'objets industriels* se rapportant à l'horticulture. — Elles pourraient avoir lieu dans le même emplacement que les expositions de fleurs.

On pourrait aussi établir à demeure, sur la façade regardant la pelouse d'entrée, de chaque côté de la porte, une espèce de panoplie des principaux outils employés en horticulture.

Enfin à droite de chaque pilastre, on pourrait placer, attachée à la charpente en fer, une collection variée de suspensions en fayence ou en bois découpé, servant en même temps d'ornementation gracieuse, et dissimuler les fermes en fer par d'élégantes découpures alternant avec des plantes de serre grimpantes et retombant en gerbes.

Il pourrait encore être placé, comme couronnement extérieur, sur chaque pilastre de la façade côté du jardin, une collection variée de vases d'ornement.

Les plates-bandes placées au centre de la salle pour recevoir les fleurs ou les objets industriels, indépendamment des tables placées autour des murs et de celles à placer au-dessous, auraient environ 21ᵐ superficiels, et la partie centrale 4ᵐ, soit 25ᵐ dans leur ensemble.

Un joli moulage en plâtre de la Diane de Gabies, à placer au centre, ne pourrait pas coûter plus de 150 fr.

### 2° Musée horticole et industriel.

Il se composerait de deux parties distinctes : les matières premières et les matières ouvrées provenant des diverses plantes du règne végétal.

*Matières premières.* — Cette première partie se composerait : 1° de rameaux ou parties de plantes exposés sur les rayons placés autour de la salle, entre les saillies des pilastres ; 2° des mêmes parties des plantes qu'il ne serait pas possible de placer à l'air libre sans leur faire éprouver une détérioration rapide, qui seraient alors renfermées dans les quarante cartons de l'herbier placé sous les tables.

Les écoles plantées du jardin fourniraient une certaine partie de ces rameaux de plantes ; on ferait appel à MM. les Horticulteurs pour fournir celles qui manqueraient.

*Matières ouvrées.* — Elles seraient entièrement rangées sur les mêmes rayons et à la suite des matières premières, mais tout à fait à part. Pour obtenir les échantillons de cette deuxième partie du musée, il suffirait de faire un appel aux industriels de la ville. Je suis persuadé qu'on en obtiendrait immédiatement ainsi un nombre plus que suffisant.

Je ne puis, pour éviter de nouveaux détails, que renvoyer ici, pour la composition de ce musée, au projet de Vulgarisation de la botanique offert à la Société, et inscrit à ses Annales année 1872, pages 149 et suivantes.

On pourrait établir ici leurs grandes divisions dans l'ordre suivant :

1° Matières premières : horticulture, arboriculture, agriculture, viticulture et industrie ;

2° Matières ouvrées : même division que les matières premières.

*Développement du musée.* — Son développement *minimum* serait de $20^m + 5^m$, plus $2^m = 27^m$, sur cinq rayons ; on aurait $135^m$ de développement : en comptant chaque échantillon à $0^m,07$ au plus, soit quatorze par mètre, on aurait donc environ mille échantillons pour chacune des deux parties, soit deux mille échantillons, sans y comprendre l'herbier, qui, bien choisis, seraient suffisants pour ne rien négliger d'important. On pourrait d'ailleurs les augmenter encore, en les continuant du côté de la salle actuelle.

*Herbier.* — On placerait au-dessous des tables d'exposition des fruits, comme il a été dit, des cartons d'herbier contenant des plantes en *brindilles* pour les matières premières, et avec une *feuille* et la *fleur* pour les matières ouvrées. Ces cartons pourraient être au nombre de quarante. Ce nombre serait très-suffisant pour contenir sous cette forme les principales variétés des plantes usuelles et commerciales cultivées dans le département.

*Rameaux verts.* — Si on éprouvait trop de difficultés pour placer sur les tablettes et les y conserver vertes des brindilles de plantes, on les supprimerait. Cette suppression permettrait, très-utilement, de donner de l'extension au musée des *matières ouvrées*, surtout pour l'industrie. On les reporterait alors dans les cartons de l'herbier.

Il serait bien utile d'établir des vitrines, comme on l'a dit, et surtout un bon classement, et le plus possible d'*étiquettes descriptives*. Mais il faudrait établir d'abord ce musée de la manière la plus simple, sur des rayons unis et avec des étiquettes à la main, quitte à le perfectionner ensuite lorsque les ressources de la Société le permettraient.

2<sup>me</sup> Partie. — *Détails de l'exposition permanente extérieure.*

§ 1<sup>er</sup>. — Terrasse et pelouse d'entrée.

#### 1° Objets d'art.

On comprend placer ici, à demeure le plus possible, des spécimens offerts par les industriels, sur lesquels ils pourraient mettre leur adresse, ainsi que l'ont fait MM. Diard et Defays, comprenant les principaux genres relatifs aux arts et à l'industrie horticoles, comme cela existe au jardin d'acclimatation, à Paris ; tels que :

*Vasque* avec enfant, en fonte ou béton comprimé, milieu du bassin de la pelouse.

*Statues* : quatre statues de femmes, modernes le plus possible, représentant les quatre principaux genres employés extérieurement : la fonte peinte, la terre cuite, le béton comprimé et la pierre ; enfin le carton pierre, etc. (Voir les catalogues et albums des maisons Barbezat, Gossin, etc., de Paris.)

Un groupe d'animaux.

On pourrait s'adresser à Angers à MM. Baron et autres, qui ont déjà exposé.

Le prix d'un moulage terre cuite peut être de 100 fr. à 300 fr.

#### 2° Objets industriels. — Allées.

*Siéges, bancs, etc.*

Des siéges et bancs ayant les formes les plus élégantes et les plus nouvelles ; on n'a indiqué ici que ceux qu'on pourrait placer sur la pelouse d'entrée seulement.

Entrée du jardin, longueur totale . . . . 24 <sup>m</sup>

A l'extrémité de la pelouse, côté du kiosque de
M. Diard . . . . . . . . . . . . . 20

Autour du kiosque de M. Diard . . . . . 8

      Soit une longueur totale de . 52 <sup>m</sup>

Si l'on était gêné, ce qui est peu probable, on pourrait raccourcir un peu l'ovale de la pelouse.

*Vases en fonte, en terre cuite, boules brillantes, etc.*

Il serait facile de placer sur la pelouse une dizaine de
spécimens les plus variés qui, bien choisis, seraient bien
suffisants pour représenter ce genre d'industrie.

On pourrait encore en placer au besoin sur les pilastres
de l'annexe projetée et sur ceux de la terrasse, côté de
la rue Toussaint.

Si l'on voulait établir une petite serre, bien utile, on
pourrait facilement le faire sur cette terrasse. — On
pourrait aussi placer, l'été, des pavillons élégants en toile
de couleur, des tentes, aux principaux points de jonction
des allées. Ils sont au nombre de huit à dix.

On pourrait aussi remplacer par des bordures en
plantes variées la monotone bordure d'herbe, et placer
des corbeilles ou massifs de fleurs dans la pelouse.

§ 2. JARDIN FRUITIER PROPREMENT DIT.

Ce paragraphe peut se diviser en trois parties : 1° les
allées du jardin ; 2° le pourtour des carrés et des murs ;
3° les écoles plantées de plantes usuelles.

### 1° Allées du jardin.

L'allée centrale, très-large, a seule 80$^m$ de long ; en plaçant des siéges de chaque côté, on aurait un développement de 80$^m$ × 2 . . . . . . . . . 160 $^m$

Celle transversale a environ 50$^m$ ; en en plaçant d'un côté seulement, on aurait . . . . 50

Soit. . . . . 210 $^m$

On comprend qu'on pourrait placer dans ces vastes allées tout ce qu'on voudrait, sans nuire à la circulation.

### 2° Pourtour des carrés et murs.

Leur développement est considérable : le pourtour des carrés et celui des plates-bandes est d'environ 900$^m$ ; celui des murs est d'environ 300$^m$. On pourrait donc y placer tout ce qu'on voudrait, comme : treillages, entourages, étiquettes, palissades, bordures, etc.

### 3° Ecoles plantées des principales plantes usuelles.
(Voir le projet de Vulgarisation de la botanique.)

Ces écoles, disposées dans des plates-bandes la plupart inoccupées, seraient au nombre de six, comprenant :

1° *L'école des plantes alimentaires*, à établir dans la plate-bande côté de la rue des Lices, qui serait formée des principales de ces plantes, telles que : le blé, le seigle, l'orge, le sarrazin, le millet, le houblon, etc., et le plus possible des plantes non cultivées en pleine terre, telles que : le café, le thé, etc. Cette plate-bande a 80$^m$ de longueur sur 1$^m$,50 de largeur ;

2° *L'école des plantes fourragères,* se divisant en deux

grandes parties : celles de ces plantes qui sont plus particulièrement alimentaires pour les herbivores : l'avoine
et les divers coupages, placés dans la plate-bande et à la
suite des plantes alimentaires ; et celles dont se composent les gazons et prairies artificielles, placées dans les
petites pelouses de chaque côté de l'entrée du jardin ;

3° *L'école des plantes industrielles*, comprenant les
textiles, tels que : le chanvre, le lin, les orties, etc. ;

4° Les oléagineuses, telles que : le colza, le noyer,
l'olivier, etc., placées aussi dans la plate-bande côté de
la rue des Lices, à la suite des plantes alimentaires ;

5° Les diverses autres plantes industrielles, telles que
le tabac, etc. Ces plantes et les textiles seraient placées
dans les plates-bandes au bas de la terrasse, côté de la
rue Toussaint, sauf les oléagineuses qui sont alimentaires ;

6° *L'école des plantes potagères*, placée en bordure de
la plate-bande du fond du jardin sur 61$^m$.

Ces écoles, bien classées et bien étiquetées, pourraient
rendre de véritables services pour l'instruction pratique
et professionnelle du public. Elles fourniraient en outre
des échantillons pour le musée et plus tard elles pourraient encore servir pour faire des cours spéciaux. Enfin
on serait là, de la manière la plus complète, sur le terrain de l'industrie, et on n'y placerait que des plantes
usuelles et commerciales portant seulement le nom français et même vulgaire, sous lequel elles sont généralement connues, pour être mises à la portée de tous.

#### 4° Concerts d'été ou lors des expositions.

La Société pourrait peut-être encore, son jardin étant

4

bien orné, y établir, comme succursale du jardin du Mail, quelques concerts sur la pelouse avec accès dans les grandes allées, avec le concours des musiques militaires, des pompiers ou de la Société de Sainte-Cécile. On pourrait placer les artistes sur deux rangs, l'un debout, l'autre assis, dans le bosquet, autour du kiosque de M. Diard, en élaguant quelques arbustes. Ces concerts varieraient la promenade, et on pourrait peut-être en retirer quelques entrées qui viendraient aider, sans frais, la Société dans ses dépenses et animer ces expositions. Ces concerts auraient, paraît-il, déjà eu lieu.

### Estimation de la dépense.

J'avais d'abord dressé un croquis et une estimation d'une construction des plus simples, s'élevant à 2,000 fr.

Celle que j'ai indiquée ci-dessus est plus complète ; elle peut être considérée comme projet mixte. Il serait suffisant, je crois, pour tous les besoins.

On n'a pu donner ici une estimation exacte de la dépense, pour deux raisons : c'est qu'elle peut d'abord varier suivant les concessions qui pourront être faites sur les prix, par les principaux ouvriers, qui sont tous membres de la Société ; ensuite parce que le mode de construction peut sensiblement varier, et par suite le chiffre de la dépense. Il y a cependant tout lieu de penser que ce chiffre ne dépassera pas 2,400 fr. Il serait facile de donner à la construction de cette salle un aspect plus important ; il suffirait d'exhausser la façade côté du jardin à la même hauteur que celle de la salle actuelle, en la surmontant d'une toiture demi-circulaire, comme on l'a indiqué en lignes ponctuées sur la coupe. Mais il

# PROJET DE CONSTRUCTION D'UNE SALLE ANNEXE,

### sur la terrasse au droit de la Salle actuelle,

### destinée à des Expositions permanentes de la Société et à un Musée horticole.

**CLASSIFICATION**
*des parties principales du Musée.*

**MUSÉE DES MATIÈRES OUVRÉES**
*( Produits indigènes et exotiques.)*

**HORTICULTURE** _ *graines, fleurs, fruits, plantes.*

**ARBORICULTURE** _ *bois travaillés, trav. des bâtiments,
ébénisterie, tabletterie, marqueterie.*

**AGRICULTURE** _ *produits alimentaires, graine, farines,
panification, fécules, conserves, engrais artificiels,
épices, vins et liquides divers.*

**INDUSTRIE** _ *textiles, filasses, produits des filatures,
corderies, tissages. Tinctoriales, échantillons d'étoffes
teintes. Oléagineuses, huiles comestibles, et employées
dans l'industrie.*

**PRODUITS DIVERS** _ *tabacs, parfumerie, produits
indigènes et exotiques divers, épicerie, droguerie.*

**COUPE DÉVELOPPÉE** ( Croquis).
( Voir le projet de Vulgarisation de la Botanique)

**PLAN** ( Croquis).

*Salle actuelle*

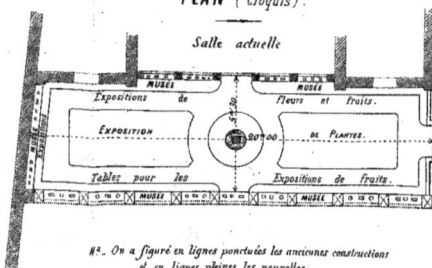

*N°._ On a figuré en lignes ponctuées les anciennes constructions
et en lignes pleines les nouvelles.*

Lith. P. Lachèse, Bellouse, Dolbeau, à Angers.

pourrait en résulter une augmentation sensible de la dépense.

### Modes de paiement.

Ici encore on ne peut rien arrêter, car plusieurs voies très-différentes se présentent : d'abord le budget de la Société pourrait, à la rigueur, y suffire seul en quatre annuités de 600 fr., qu'on pourrait aisément prélever. Ensuite le Conseil municipal, qui s'occupe avec tant de sollicitude de l'instruction populaire et qui trouverait là, dans le musée, les expositions intérieures et extérieures et les écoles de plantes usuelles, un mode d'enseignement pratique nouveau et des plus importants, l'*enseignement professionnel*, pourrait, je crois, allouer une subvention à la Société. Le Conseil général, même, en raison de ce que cet enseignement peut être considéré comme une création centrale, s'appliquant à tous, pourrait peut-être aussi allouer des fonds. Enfin on pourrait prélever des entrées, lors des expositions partielles, qui viendraient réduire le chiffre des dépenses et peut-être même ouvrir dans ce but une souscription au siége de la Société.

### Résumé.

En résumé, nous sommes convaincu que ce projet d'exposition permanente et de construction d'une salle annexe, quel que soit le mode adopté, est très-exécutable, et qu'à tous les points de vue il pourrait rendre des services sérieux à nos concitoyens ; aussi ne pouvons-nous qu'en proposer l'exécution, pensant que la Société ne peut faire un plus utile emploi de ses ressources disponibles.

20 novembre 18˜3.

# Des moyens propres à généraliser en France l'étude théorique et pratique de la culture de la vigne à vin.

## EXPOSÉ.

Monsieur le Ministre,

Permettez-moi d'abord de vous faire hommage d'un exemplaire :

1° D'un tableau synoptique des principales tailles et des procédés de conduite de la vigne à vin, autorisé par le Conseil départemental de l'Instruction publique, offert et particulièrement destiné aux écoles communales et aux bibliothèques populaires ;

2° D'un petit opuscule explicatif de ce tableau et de vœux émis par le Conseil général ;

3° D'une brochure reproduisant la légende explicative et les figures des tailles d'une école de la vigne à vin plantée au jardin fruitier d'Angers, placée sous la direction de la Société d'horticulture. Cette brochure commencée en 1869 est complète pour la deuxième partie la plus importante comme application. Mais ma mauvaise santé ne m'a pas encore permis de terminer la pre-

mière partie, très-avancée, ainsi qu'une petite brochure
spéciale destinée aussi aux écoles et aux bibliothèques
populaires, complémentaire du tableau ;

4° D'une brochure extraite des annales de cette Société d'horticulture, indiquant la composition et la classification définitive de cette école, et le programme du
cours public appliqué, sur les cépages qui la composent,
cours commencé en juillet dernier.

La culture de la vigne à vin occupe non-seulement en
France, mais dans le département une place importante
dans la production agricole.

Rien cependant, à ma connaissance du moins, n'avait
encore été fait pour vulgariser au point de vue théorique
et pratique la connaissance de cette science. Il y avait là,
pour moi, une double lacune.

Pénétré de cette idée, aimant la vigne et ayant pu
m'en occuper sérieusement comme propriétaire de vigne
et comme membre du comité de viticulture de la Société industrielle et agricole et de la Société d'horticulture d'Angers, je me suis efforcé de chercher à la combler par les moyens suivants.

Pour plus de précision, je diviserai cet exposé en deux
parties, relatives : la première, aux moyens applicables
au département; et la deuxième, à ceux pouvant être
employés pour la France.

---

### PREMIÈRE PARTIE.

Moyens proposés ou en voie d'exécution pour propager la connaissance de la culture de la vigne à vin dans le département.

Pour l'enseignement purement théorique dans les
écoles : Un tableau synoptique, pièce n° 1, et son opus-

cule qui doit être complété par une petite brochure spéciale élémentaire.

Pour l'enseignement appliqué : Une brochure plus complète, pièce n° 3, servant de base et de projet d'une école générale, avec cours appliqués.

2° Une *école de taille et de conduite* avec cours publics appliqués, placée sous la direction de la Société d'horticulture. Cette école pour laquelle les cours ont été commencés en juillet, est indiquée dans la pièce n° 4, d'après son exécution.

3° Une *vigne école*, sur une étendue de 29 ares environ, contenant 80 cépages, les plus cultivés en France, et dans laquelle on étudiera les cépages nouveaux à introduire, les modes de labours, la vinification ; enfin toutes les parties s'appliquant à la grande culture de la pleine vigne, placée sous la direction de la Société industrielle et agricole d'Angers création à laquelle j'ai été heureux de pouvoir largement contribuer, et d'en être l'initiateur.

Ces deux créations : l'école de taille et la vigne-école, quoique très-différentes, en rentrant dans le titre d'attributions spéciales de chacune des deux sociétés sous la direction desquelles elles sont placées, ne pourront qu'exciter chez elles la plus louable émulation, tout en concourant au même but : *l'enseignement vulgarisé et les progrès de la viticulture.*

Une école de taille de la vigne à vin, analogue à celle d'Angers, doit être installée à Cholet dès le printemps prochain, et des cours pourront être commencés dès cet hiver. Il est très probable qu'il en sera de même pour Saumur où cette question a été agitée.

Toutes ces diverses créations ont obtenu dans le département l'assentiment général, non-seulement des Sociétés savantes, mais aussi de l'Administration.

*Pour les Sociétés savantes :*

1° La Société industrielle et agricole, composée d'hommes les plus compétents en agriculture et en viticulture, a bien voulu faire un rapport favorable sur le tableau synoptique, pièce n° 1 et créer cette vigne-école (voir l'opuscule, pièce n° 2).

2° La Société d'horticulture d'Angers, composée des horticulteurs et arboriculteurs les plus compétents, a bien voulu m'autoriser à planter son école et a accepté le programme général des cours appliqués, qui doivent y être faits et qui sont déjà commencés comme je l'ai dit.

3° La Société d'horticulture de Cholet, centre important, en a arrêté l'exécution ; et celle de Saumur, la région viticole la plus importante du département, paraît être disposée à l'imiter.

*Pour l'Administration :*

Le Conseil municipal d'Angers, sur la brochure n° 3 et le tableau synoptique n° 1 qui lui ont été offerts pour ses écoles d'adultes et ses bibliothèques publiques et populaires, a fait un rapport très-favorable, inscrit et publié au procès-verbal de ses délibérations.

2° Le Conseil départemental de l'Instruction publique a bien voulu aussi approuver et autoriser, sur deux rapports favorables, l'un au point de vue théorique par la Société industrielle (voir l'opuscule n° 2) ; l'autre par M. l'Inspecteur d'Académie, au point de vue de la méthode d'enseignement proprement dit, l'introduction du tableau synoptique dans toutes les écoles du département.

Enfin le Conseil général, sur la présentation de la lettre contenue à l'opuscule, pièce n° 2, a bien voulu, par les deux vœux importants qui y sont indiqués (p. 16), appuyer et encourager autant qu'il est possible, par sa haute approbation, ces essais de vulgarisation de l'enseignement de la culture de la vigne.

Ces autorisations et un concours aussi flatteur et aussi unanime, m'ont permis, et c'est déjà beaucoup, d'assurer, autant qu'il m'a été possible, la vulgarisation théorique et pratique de la culture de la vigne dans le département, tant dans l'intérêt de la production que dans celui de l'instruction appliquée de la jeunesse des écoles et des nombreuses personnes qu'elle peut intéresser.

---

## DEUXIÈME PARTIE.

### Moyens proposés pour généraliser en France la connaissance théorique et pratique de la vigne à vin, centralisation et propagation.

Encouragé par ces précédents, et entraîné d'ailleurs par l'utilité et l'étendue du but à atteindre, j'ai eu l'idée trop ambitieuse, sans doute, et au-dessus de mes forces, mais toute désintéressée et toute dévouée du moins au bien public et à la science, de chercher à appeler l'attention de l'administration supérieure sur la culture de la vigne à vin, cette partie si importante de l'agriculture, et pour chercher à en généraliser la connaissance et les progrès, de créer en France, surtout entre les principaux départements viticoles, un vaste réseau d'études pratiques et d'expérimentations.

L'administration supérieure s'est préoccupée à juste titre de l'agriculture et de l'horticulture. Votre circulaire du 16 février 1862, Monsieur le Ministre, relative à la plantation des écoles rurales, vient réaliser sur un point important la propagation de cette dernière science (Voir le *Bulletin de l'instruction publique*, pièce n° 6).

Mais quelle que soit l'utilité de l'arboriculture, la vigne à vin a assurément en France une bien plus grande importance encore. Elle s'étend sur une superficie de près de deux millions cinq cent mille hectares, la vingt-unième partie du sol français et la dixième partie du sol cultivable, et produit brut plus d'un milliard cinq cent millions de francs. Cependant on s'est bien moins préoccupé de cette culture que de l'agriculture proprement dite.

La culture de la vigne présente en France des procédés très-divers, souvent même tout à fait opposés, d'où il résulte des différences très-sensibles dans le rendement, différences qui ne sont pas toujours justifiées par la variété du sol et du climat. Il suffit pour en avoir immédiatement une idée générale de parcourir le remarquable ouvrage de MM. le docteur Guyot et Rendu, résultat de tournées, ordonnées par l'administration, sur les vignobles de la France présentant, surtout le premier, la statistique générale de chaque département.

Mais cette statistique générale, œuvre capitale, malgré sa grande importance et le soin avec lequel elle a été faite, laisse encore ignorés un grand nombre de faits sur les détails de la viticulture de chaque département ;

il ne pouvait en être autrement. Il serait assurément très-utile qu'il pût être fait pour chacun, une statistique spéciale et particulière par arrondissement, par canton et même par commune, donnant d'abord les procédés traditionnellement suivis comme l'a fait le premier de ces auteurs, puis les procédés exceptionnels et les améliorations obtenues par les praticiens éclairés. Cette statistique serait, je crois, singulièrement simplifiée par le bulletin statistique que j'ai présenté à la Société industrielle, dont un exemplaire est ci-joint, pièce n° 5. J'ai aussi indiqué dans le bulletin de cette Société des moyens de généraliser et de concentrer des études et des expérimentations sur la culture de la vigne.

Assurément la culture traditionnelle de chaque pays est jusqu'à un certain point justifiée, et on n'en doit sortir qu'avec réserve. Cependant il est incontestable aussi qu'il existe des pratiques arriérées, routinières, même bizarres, que rien ne justifie, et qui auraient tout avantage à être modifiées ou même supprimées. Des expérimentations des bonnes méthodes sanctionnées par une pratique raisonnée et suivie, faites dans ce but, d'abord prudemment et sur une petite échelle, pourraient certainement rendre des services réels et sérieux. Ce serait donc surtout des expérimentations et des écoles plantées qu'il serait désirable de voir établir et multiplier, et ensuite de voir répandre les résultats favorables qui pourraient y être obtenus.

J'ai donc été conduit, pour les dernières raisons que je viens d'indiquer, à désirer vivement qu'il soit fait pour la vigne à vin ce qu'on a fait pour l'arboriculture, et à venir exprimer ce désir; enfin à présenter les moyens que j'ai cru le plus propres à y parvenir, à l'Administration supérieure qui, par sa haute autorité et les puissantes ressources dont elle dispose, peut seule le réaliser ; les Sociétés savantes et les autorités départementales même, ne pouvant agir ici qu'isolément.

En venant vous faire hommage, Monsieur le Ministre, de ces faibles essais, qu'il me soit permis d'appeler toute votre bienveillante attention sur cette question *de l'étude ainsi généralisée de la culture de la vigne à vin*, étude qui touche à des intérêts si sérieux, si nombreux, et de vous présenter sous forme de vœux, quelques considérations qui m'ont paru les plus propres à obtenir ce résultat.

Le département de Maine-et-Loire vient de faire le premier pas dans cette voie, et il n'y aurait qu'à provoquer en les faisant connaître et en les recommandant, des mesures analogues, complétées par des mesures générales de centralisation et d'extension, résumées dans les vœux suivant :

1° Introduire l'enseignement théorique de la culture de la vigne à vin dans les diverses écoles, à titre d'enseignement professionnel, par des tableaux analogues à celui ci-joint, développés ensuite dans de petites brochures aussi simplifiées que possible en y donnant, comme on l'a fait pour Maine-et-Loire, la plus large place à la culture principale de chaque département, et au moins dans chaque chef-lieu de département viticole important.

2° Etablir, au moins dans chaque département viticole, une école centrale, plantée, de taille et de conduite de la vigne à vin, avec cours appliqués, analogues à ceux du jardin fruitier, placée sous la direction d'une société savante, subventionnée avec la même réserve pour l'extension de la culture spéciale de chaque département.

3º Créer, comme on l'a fait pour l'arboriculture et même pour la vigne en treille et en cordon, dans chaque école normale, sur 1 are au moins, et aussi étendue qu'on le pourra, une école de taille et de conduite de la vigne à vin, avec cours appliqués, destinée à former une pépinière de jeunes instituteurs qui deviendrait plus tard le centre et le pivot de l'enseignement pratique dans les écoles rurales de chaque département viticole.

4º Créer dans les jardins des instituteurs communaux, de petites écoles, succursales surtout comme expérimentation, de celle de l'école normale, ne fussent-elles appliquées que sur vingt ceps, étendues le plus possible, avec médaille ou prime d'encouragement aux instituteurs les plus zélés.

5º Provoquer l'établissement dans chaque chef-lieu de département viticole, autant que possible, d'une vigne école placée sous la direction d'une société compétente, où on expérimenterait publiquement la grande culture, les cépages et la vinification, comme à la Société industrielle et agricole d'Angers, complétée comme elle le fait par une exposition des raisins avec leurs feuilles, et des vins produits. On réserverait une séance spéciale dans laquelle on ferait aux jeunes élèves une description sommaire, appliquée sur ces expositions.

6º Etablir pour chaque département viticole, par des rapports fournis par MM. les Inspecteurs de l'Instruction primaire, à diverses époques de l'année, s'appliquant à l'ensemble des faits théoriques, et surtout pratiques, un

vaste réseau d'études permettant : 1° De les centra-
liser d'abord dans de grands centres d'études, comme
les écoles de Montpellier, de Paris, et autres ; 2° De
les y expérimenter, ainsi que sur d'autres points les plus
convenables, et surtout dans des sols et des climats variés ; 3° De répandre immédiatement et partout, soit
au moyen du bulletin des instituteurs primaires ou de
toute autre voie de publication, jusqu'aux instituteurs
des petites communes, qui pourraient à leur tour par
l'application dans leurs jardins ou par tout autre moyen,
enseigner à leurs élèves avancés et porter à la connaissance de chaque producteur, les meilleurs procédés
sanctionnés par l'expérience, soit dans les grandes
écoles, soit ceux existant déjà et les améliorations venant à se produire mais bien vérifiées par une expérience
suffisamment prolongée.

7° Demander aux sociétés savantes de chaque département viticole, des rapports analogues et concourant
au même but.

8° Recommander et encourager l'établissement des
statistiques viticoles départementales, donnant la culture traditionnelle de chaque canton, et au besoin de
chaque commune, et signalant en outre les améliorations
obtenues par les praticiens avancés.

9° Conduire le plus possible les élèves avancés dans
les vignes et les faire assister aux principales opérations
de leur culture, telles que : la taille, le béchage, la conduite, la vendange, la vinification.

Déjà dans la Marne, où j'ai eu occasion d'envoyer des
tableaux synoptiques, on paraît disposé à suivre l'exemple
de Maine-et-Loire, et il y a lieu d'espérer qu'il en sera

fait autant par nos principaux départements viticoles.

Le Conseil général de Maine-et-Loire a bien voulu, sur ma proposition, émettre dans sa séance du 28 août dernier des vœux analogues aux quatre premières propositions ci-dessus.

Quelle belle initiative n'y aurait-il pas à prendre ainsi dans une branche si importante de la production de la France, il me semble du moins, et par qui pourrait-elle mieux être prise que par celui qui en a déjà donné tant de preuves dans des questions si diverses et si importantes ?

Confiant dans votre sollicitude si éclairée pour les intérêts de l'instruction des populations, et les progrès agricoles, je viens, Monsieur le Ministre, présenter ces vœux à votre haute appréciation, vœux d'une exécution facile progressivement et déjà approuvés par le Conseil de Maine-et-Loire, espérant qu'ils seront accueillis favorablement et que vous daignerez surtout encourager leur exécution.

J'ai l'honneur etc.

A. G.

31 décembre 1872.

# Rapport de M. Jeannin, secrétaire général, sur l'essai de vulgarisation de la Botanique, et spécialement de la connaissance des principales plantes usuelles,

Présenté par M. A. GIFFARD, membre de la Société industrielle et agricole d'Angers (Extrait du Bulletin de la Société).

Messieurs,

Vous m'avez chargé d'examiner l'*Essai de la vulgarisation de la Botanique, et spécialement de la connaissance des principales Plantes usuelles*, dont notre collègue, M. A. Giffard, a fait hommage à notre Société industrielle et agricole, et qu'il a préalablement adressé, sous forme de pétition, à M. le Maire et à MM. les Conseillers municipaux de la ville d'Angers.

A ce sujet, je suis d'autant plus heureux de vous apporter le résultat de mes investigations que, le premier entre un grand nombre, j'ai eu l'honneur d'approuver, en le revêtant de ma signature, ce travail aussi remarquable qu'opportun et très-utile. Je dis opportun et très-utile, je devrais dire indispensable, car par là je traduis toutes les révélations et les affirmations de ma longue expérience, et je m'identifie au langage d'une des plus hautes autorités scientifiques de notre époque. Ecoutez, voici comment M. le général Morin s'exprimait naguère au sein de l'Académie des sciences : « Et, cependant, « n'est-il pas aujourd'hui plus que jamais nécessaire de « constituer un enseignement qui offre aux travailleurs « de tous les rangs le moyen d'acquérir les connaissances

« qui leur sont indispensables pour exercer avec intelli-
« gence et succès la profession à laquelle ils se destinent,
« et qui, en leur donnant le moyen de s'y distinguer,
« fournit à de légitimes ambitions une satisfaction hono-
« rable?

.   .   .   .   .   .   .   .   .   .   .   .   .   .   .   .

« Répandre, vulgariser les principes de la science
« pour la faire servir de base à tous les travaux intellec-
« tuels publics ou industriels, tel est le but à atteindre et
« l'un des moyens les plus sûrs de faire reprendre, en
« Europe, à la France le rang qu'elle n'aurait jamais dû
« perdre. » (Comptes-rendus de l'Académie des sciences,
6 et 13 mars 1871.)

Dans ces mêmes séances de l'Académie, M. Dumas
disait aussi : « Je réclame de nouveau une large place
« pour l'enseignement scientifique usuel. »

Or, voilà les libérales, les nobles pensées que M. Giffard propose aujourd'hui de faire entrer en pratique pour
l'enseignement de la botanique, de cette science si attrayante, si féconde en applications usuelles et dont cependant les quatre-vingt-dix-neuf centièmes de la population sont deshérités, parce qu'ils manquent de moyens
simples et à leur portée pour l'étudier. Pour réparer cette
injustice à leur égard, et afin de combler une lacune si
préjudiciable aux intérêts publics, il propose, avec la
perspicacité qui le distingue à un haut degré :

1° Ouvrir l'*Ecole de Botanique le dimanche*, dans
l'après-midi, pendant trois heures au moins (de deux à
cinq heures, en raison du cours d'arboriculture), mais
en n'y laissant entrer que des personnes d'une tenue
convenable et désirant étudier. — Trois heures,

c'est trop peu ; je voudrais de six heures du matin à
six heures du soir. Ce jour-là, les devoirs sont com-
plexes, chacun doit pouvoir choisir ses heures pour y
vaquer librement.

2° Consacrer l'Ecole actuelle, uniquement aux études
scientifiques générales (botanique pure), laissant à M. le
Directeur du Jardin la liberté d'y placer des étiquettes
françaises, soit simplement sur les genres, soit sur la
principale espèce de chacun des principaux genres, *ou
de la laisser intacte.*

Qui veut la fin, veut les moyens, et, dans ce but,
M. Giffard aurait mieux fait de demander à l'autorité
d'adopter rigoureusement des étiquettes avec les noms
français d'abord, écrits en caractères très-lisibles, puis
les noms vulgaires, et au-dessous *les latins.* De cette
manière, en France, on parlerait français pour être
compris, et aussi latin et grec, puisque c'est nécessaire.
Chacun y trouverait son compte. Le laboureur lirait
*pomme de terre,* et le savant *solanum tuberosum ;* la cui-
sinière, *chou, pissenlit, artichaut, concombre* ou *corni-
chon;* le savant, *brassica taraxacum dens leonis, cynara
scolymus, cucumis sativus...*

Qu'aurait donc à regretter M. le Directeur ? La lumière,
placée sur l'étiquette, pourrait-elle jamais le placer dans
la pénombre, au milieu de ces savants botanistes qui font
l'admiration du monde savant, et dont il marche l'égal?
Il sait bien, du reste, qu'en faisant ainsi, il serait en
bonne compagnie ; combien d'écoles n'ont-elles pas le
privilège sur celle d'Angers, d'avoir des étiquettes latines
et françaises ? Des professeurs de la plus haute valeur ne
leur font pas non plus défaut, qui sont les premiers à le

vouloir ainsi. Mais les différentes Flores, celles de
M. Magne et de M. Boreau lui-même, n'ont-elles pas
les noms français et latins, et la première n'est-elle pas
rendue plus précieuse par son vocabulaire, son guide du
botaniste, sa table des classes, des familles, des genres,
*celle des noms français* et des noms *vulgaires*, celle des
planches; et n'est-ce pas cet ensemble de perfections
incomparable qui l'a fait arriver, en quelques années, à
sa troisième édition? Mais pourquoi chercher au loin des
exemples, quand ici nous en possédons de plus éloquents?
Ici, je cite textuellement ce passage où M. Giffard n'a
fait que rendre justice au grand pépiniériste angevin,
dont le nom est partout célèbre : « Dans la Flore de
« M. le Directeur du Jardin des Plantes, les noms fran-
« çais sont placés entre parenthèses à la suite des noms
« botaniques qui viennent les premiers ; il en est de même
« dans le catalogue de la maison André Leroy. Qu'il
« nous soit permis de faire remarquer ici, que ce cata-
« logue, très-complet, porte, à la suite des noms latins,
« les noms français, non-seulement des genres, mais
« encore des espèces et même des variétés de plus de
« 4,000 plantes cultivées dans ce vaste établissement, et
« que son auteur, auquel l'horticulture angevine doit
« tant, a rendu, par le rapprochement des noms ainsi
« groupés, un véritable service au public et aux jeunes
« horticulteurs, et qu'il peut en rendre encore de sérieux
« dans cette question des étiquettes. »

Pour populariser, vulgariser la botanique, notre collègue propose aussi *d'établir, dans une partie réservée
du jardin*, comme cela a lieu au Jardin des Plantes de
Paris, une école spéciale et distincte pour les plantes

usuelles, comprenant celles : 1° de l'agriculture, 2° de
l'horticulture, 3° les médicinales, les non-vénéneuses
(et pourquoi pas les vénéneuses ? ).

3° Placer des tableaux indicateurs, sous verres, à
l'entrée de l'Ecole de Botanique actuelle, pour permettre
de trouver immédiatement les familles et chaque plante
usuelle, mesure encore facultative à M. le Directeur. —
Et pourquoi laisser cette latitude à un Directeur? Si la
mesure est jugée utile, elle doit être ordonnée. Voit-on
souvent deux directeurs avoir les mêmes idées, et celui
qui arrive ne se plaît-il pas à culbuter ce que son prédé-
cesseur a établi?— Placer, à l'entrée de l'*Ecole des
plantes usuelles* , un programme indiquant le nom des
plantes devant faire l'objet de chaque cours, *et un signe
apparent sur ces plantes.*

*4° Placer dans l'Ecole spéciale des plantes usuelles de
petites étiquettes en faïence, ou en fonte, portant le nom
commercial* (genre ou espèce) *en français, de chaque
plante*, et au-dessous, sur une seconde ligne, entre parenthèses, le nom vulgaire de la localité, lorsque ce nom
est admis traditionnellement. Répéter ces étiquettes dans
tout le jardin, sur les principaux arbres ou arbustes
comme cela a lieu dans les grands centres, notamment
à Paris et à Lyon. — *Ici encore je voudrais le nom
latin au dessous du français,* celui-ci imprimé en gros
caractères bien lisibles, et sur faïence, car les objets qui
frappent le plus les yeux s'impriment plus profondément
dans la mémoire; c'est par eux que la mémoire se nour-
rit le plus. Les étiquettes en fonte sont obscures, fati-
gantes ; songez aux yeux des vieillards, aux vues défec-
tueuses. On dit que ces étiquettes sont moins chères;

mais dans une telle question, cette objection est-elle bien sérieuse?

5° *Disposer particulièrement dans le nouveau jardin* de manière à en faciliter l'approche et à conserver l'harmonie et l'aspect de l'ensemble, *des massifs groupés par genre et réunissant les principales espèces,* comme cela existe dans le beau jardin de Nantes et dans les jardins actuels, et étiqueter le plus grand nombre de fleurs et d'arbustes d'agrément pour représenter l'horticulture, si importante dans notre pays, et qui intéresse tout particulièrement.

6° *Etablir un cours populaire spécial dans l'Ecole des plantes usuelles, et au besoin sur les grands arbres du jardin, le dimanche et le jeudi, pour les élèves des écoles,* mis à la portée de tous et décrivant de la manière la plus complète possible au moins les principales plantes dont la connaissance peut intéresser tout particulièrement le public et la jeunesse des écoles. — C'est là l'innovation la plus hardie, celle qui tombe sous le bon sens et qui sapera plus d'un genre de charlatanisme, celle que j'appelle de tous mes vœux. Le professeur chargé d'une aussi belle mission devra bien s'en pénétrer; M. Giffard trace la marche à suivre en indiquant ce qu'il y aurait à enseigner sur les textiles, sur le chanvre en particulier.

7° *Etablir une collection d'échantillons, formant un musée du règne végétal* (genre de celui de minéralogie), *comme application des cours, ouvert le jeudi et le dimanche,* placé provisoirement dans la salle du jardin; se composant : 1° d'un côté de la salle des produits bruts des végétaux, matières premières; 2° de l'autre côté des principaux produits obtenus avec ces matières (produits ouvrés, préparés) par les travaux de l'industrie, collections qui existent encore à Paris.

Telles sont les conclusions claires et précises du remarquable travail de M. A. Giffard, travail dont les données sont toutes d'une exécution facile et peu coûteuse, puisqu'elle ne s'élèverait au plus qu'à un maximum de 1,000 francs. Et cette exécution est toute préparée par des plans, des devis et croquis aussi méthodiques que rigoureusement établis. Par là la question est plus complétement éclairée et résolue, et n'attend plus qu'une application devenue indispensable.

En conséquence, comme la raison mérite toujours d'avoir raison, et que notre Société représente les intérêts des classes industrielles et agricoles auxquels seront surtout profitables les justes réclamations de notre collègue, j'ai l'honneur, Messieurs, de vous proposer :

1° De remercier M. Giffard de l'hommage qu'il nous a si gracieusement fait ;

2° D'accorder la sanction manifeste de la Société, à son œuvre, à son projet.

---

*Note de l'auteur.* — Les réformes plus radicales indiquées au rapport de M. Jeannin, vétérinaire au Haras, avaient été faites dans le premier projet ; ce n'est qu'en présence des conclusions du rapport de la commission municipale qu'on les a modifiées ainsi pour se mettre le plus possible d'accord avec ce rapport et chercher à assurer l'exécution du projet.

Ce projet a été présenté spontanément, et ce n'est que plus tard que l'auteur a appris que les principales améliorations qu'il comporte existaient à Paris : c'est ce qui vient encore en affirmer l'utilité.　　　A. G,

Société industrielle d'Angers

Comité de Viticulture

N° d'ordre du registre

N° DU BULLETIN

# A.-BULLETIN STATISTIQUE

### Des divers procédés pratiques de Viticulture et de Vinification

Col. 1re — *Vignoble de M.*
*demeurant à*
*situé au lieu dit*
*commume de*

---

## Ire PARTIE. — RENSEIGNEMENTS GÉNÉRAUX.

### § Ier. — VITICULTURE

**Col. n° 2. — Exposition et Sol.**

Exposition. — Nature du sol. — Sous-sol. — Nivellement.

**Col. 3. — Plantation, Remplacement.**

Epoque, nature et mode de plantation. — Nature et espèce de cépage.

Remplacement en plant raciné ou en boutures. — Provignage. — Couchage de vieux ceps.

**Col. 4. — Béchage. — Fumure. — Appuis.**

Béchage et Fumure. — Echalassage. — Palissage. — Cordons, etc.

**Col. 5. — Taille.**

Tailles Guyot, Trouillet, etc. — Placement de la verge, nombre de têtes. — Epoque où elle se fait.

**Col. 6. — Conduite de la vigne.**

Ebourgeonnement. — Pinçage. — Edrugeonnement. — Accolage. — Rognage. — Soufrage. — Emoussage. — Chaulage.

**Col. 7. — Contenance.**

En hectares, et en quartiers.

**Col. 8. — Production moyenne.**
Par hectare, par quartier.

## § II. — VINIFICATION.

**Col. 9. — Vins blancs.**

Maturation. — Cueillette. — Egrappage. — Ecrasement. — Pressurage. — Débourbage ou Guillage. — Fermentation — Soutirage. — Collage.

**Col. 10. — Vins rouges.**

Maturité. — Cueillette. — Egrappage — Ecrasement — Formation des cuvées. — Cuvage. — Fonds compresseurs. — Fouloirs. — Durée du cuvage. — Décuvage. — Pressurage. — Fermentation. — Soutirage. — Collage.

## IIe PARTIE. — RENSEIGNEMENTS GÉNÉRAUX

*Relatifs à la Viticulture et à la Vinification, ayant particulièrement donné lieu à la rédaction du bulletin.*

### Col. 11-1re

Indication des faits particuliers et exceptionnels au vignoble, en établissant avec soin leur concordance avec les diverses parties des renseignements généraux (Ire *partie*) qui ont pu les influencer, soit en les favorisant, soit en les amoindrissant.

### Col. 11-2e.

Appréciation générale des faits qui précèdent soit par le viticulteur, l'observateur ou le comité, sous forme de conclusion.

*A inscrire à la colonne du registre.*

### Col. 11-3e

Dessins cotés des faits particuliers et exceptionnels d'une certaine importance, signalés plus haut.

## OBSERVATIONS GÉNÉRALES SUR LE MODE DE RÉDACTION DU BULLETIN

### Iʳᵉ Partie. — Renseignements généraux

Nota. — Cette feuille d'observation est retranchée lorsque le bulletin ci-contre est rempli ; ce bulletin seul doit être renvoyé au siége de la Société.

---

### § Iᵉʳ — VITICULTURE.

COLONNE 1ʳᵉ, Propriétaire ou fermier. — Lieu de production.
*Le nom du propriétaire ou fermier, s'il cultive seul ; sa demeure*
*Le nom de la ferme ou lieu dit, de la commune* où le vignoble est placé.

COL. 2. Exposition, Sol.
*L'exposition, la nature du sol (en noms communs), sa profondeur.*

Sous-sol.
*La nature du sous-sol* (noms populaires).

Nivellement.
Si le vignoble est sur un *terrain de niveau — incliné* — son degré d'inclinaison et suivant quelle exposition elle existe.

### § I. Vignes nouvelles.

COL. 3. PLANTATION. Epoque, nature et mode de la plantation
1º *L'époque de la plantation ou l'âge de la vigne.* — S'il existait ou non des vignes antérieurement. — *Si l'on a planté immédiatement après leur arrachage,* ou après combien de temps. — Si l'on a défoncé, à quelle profondeur. — Si l'on a fumé en plantant, ou combien de temps après — et avec quelle substance.
2º Si l'on a planté en défonçant, ou avec augets, ou à la barre — *en plant raciné,* de un ou deux ans — *ou si c'est en boutures,* de quelle manière elles ont été faites et conservées, et si on les a recouvertes de terre après leur plantation. — *L'espacement des ceps, leur hauteur, le nombre des têtes.* — Comment la jeune vigne a-t-elle été taillée et conduite annuellement jusqu'à ce qu'elle soit arrivée à l'âge adulte. — Comment on a remplacé les pieds manquants.

Nature et espèce du cépages.
*Si ce sont des vignes rouges ou des vignes blanches et quelle est la nature du cépage.*

# PROJET

## Registre de la Statistique Viticole de Maine-et-Loire. — Première partie. — Culture traditionnelle et usuelle.

Voir la formule de bulletin statistique, page 94,
et le bulletin imprimé de M. Guénier, à Prundre.

| DÉSIGNATION | 1re SECTION. — STATISTIQUE PROPREMENT DITE | | | | | 2e SECTION. — STATISTIQUE DESCRIPTIVE DE LA CULTURE PAR COMMUNE. | | | | | | | | | | | | DÉSIGNATION |
|---|---|---|---|---|---|---|---|---|---|---|---|---|---|---|---|---|---|---|
| | | | | | | 1re VITICULTURE — (Extrait du bulletin statistique) | | | 2e VINIFICATION — (Extrait du bulletin statistique) | | | | RENSEIGNEMENTS GÉNÉRAUX | | | | | |
| communes viticoles, cantons et arrondissement. | Nature de la vigne par commune | Surface cultivée par commune | Rendement moyen par commune | Prix moyen de l'hectolitre | Produit moyen par commune | ÉTABLISSEMENT DE LA VIGNE | | | SECTION ANNUELLE — (Voir le tableau synoptique) | | | | VINS BLANCS OU ROUGES | | | | | des crus, lieu de culture et demeure des principaux Viticulteurs. |
| | | | | | | Sol, sous-sol, exposition et topographie. | Cépages cultivés. | Mode de plantation. | Labourage, fumure, etc. | Taille. | Conduite, échaussonnement, palissage, etc. | Remplacement. | Récolte, sulfatage, ouillage etc. | Fabrication, pressurage, cuvage, etc. | Conduite, soutirage, collage collage, etc. | | | |
| 1 | 2 | 3 | 4 | 5 | 6 | 7 | 9 | 10 | 11 | 12 | 13 | 14 | 15 | 16 | 17 | | 18 | 19 |

§ 1er ARRONDISSEMENT D'ANGERS.

1er CANTON D'ANGERS (Nord-Est.)

2e CANTON D'ANGERS (Sud-Est.)

3e CANTON D'ANGERS (Nord-Ouest.)

4e CANTON DE CHALONNES.

5e CANTON DE SAINT-GEORGES.

§ 2e ARRONDISSEMENT DE SAUMUR.

1er CANTON DE SAUMUR (comme pour l'arrondissement d'Angers.)

### Deuxième partie. — Culture exceptionnelle. (Voir le tableau modèle annexé aux bulletins de la Société Industrielle, années 1865-66 et suivantes.)

§ II. VIEILLES VIGNES. — *Si on a provigné*, soit à 1 an, soit à 2 ans. — Si les provins ont été faits en une ou deux fois, laissés une ou plusieurs années, ou même définitivement ; si *l'on a fumé* ces provins et comment, si on les a élevés à leur hauteur définitive tout d'un coup, ou en plusieurs années. — Si au lieu de provins, on *a remplacé par des boutures, ou du plant raciné* de 1 ou 2 ans ; la dimension des augets.

REMPLACEMENT.

En provinage, en bou-
tures ou plant ra-
ciné.

Couchage entier de
vieux ceps.

Enfin si l'on a fait *des couchages entiers, partiels ou généraux des vieux ceps*, comment ils ont été faits, à quelles dimensions d'espacement et de hauteur ; *si on les a fumés, et au bout de com- bien de temps ils ont rapporté convenablement.*

COL. 4.

Béchage.

Si l'on *a béché en bardeau, à la charrue, à plat, rátissé seulement ou pas du tout.*

Fumure.

Si l'on fume ordinairement et après combien de temps, si c'est avec *du fumier* de ferme pur, *du terreau ou terrier, des chiffons,* etc., avec enfouissement profond, dans chaque rang, ou sur deux, ou en entier et à plat.

Echalassage. — Palis-
sage. — Cordons.

S'il y a *des échalas en pierre ou en bois*, des grands et des petits, leur hauteur, leur espa- cement ; *palissades avec un ou plusieurs fils de fer* galvanisés ou non ; à quelle hauteur ils sont placés ; s'ils sont supportés par des pieux en bois ou en pierre, leur hauteur et comment ils sont maintenus ; s'il y a des *cor- dons, des pyramides, leur hauteur ;* comment sont-ils supportés.

COL. 5.

TAILLE.

Espèce

Si l'on a taillé suivant la méthode de J. Guyot soit d'une manière absolue, *avec une ou deux têtes*, soit avec des modifications, *en alternant le placement de la verge ;* si c'est une *taille ancienne avec des coursons* seulement ; enfin si c'est une *autre taille spéciale, la taille Trouillet,* etc. ; *taille dans le nœud ou entre nœud.*

Placement de la verge.

*Quelle est la position des verges, si elles sont horizontales, obliques renversées en versadis,* fichées en terre ou attachées au pied, con- tournées en spirales. — *Le nombre de bour- geons qu'elles portent.* — *Le nombre de bour- geons laissés sur la totalité du cep.* — *Si le cep est vigoureux,* la longueur et la dimension des pousses.

| | |
|---|---|
| Epoque où elle se fait. | *A quelle époque se fait la taille*, si elle se fait en entier ou en deux fois, et si les verges sont laissées debout l'hiver pour être attachées seulement après les gelées, ou immédiatement après avoir été coupées.<br><br>(NOTA. — Les renseignements de cette colonne sont les plus importants). |
| COL. 6.<br>Conduite de la vigne. | Indiquer avec soin et détails celles ou la totalité des opérations de cette colonne pratiquées, soit sur des jeunes soit sur des vieilles vignes. — A quelle époque on les a faites — combien de fois — à quelle hauteur, par rapport soit au cep, aux bourgeons ou aux grappes et aux feuilles, |
| COL. 7.<br>Contenance en quartiers ou en hectares. | La contenance d'abord en *boisselées, en indiquant entre parenthèses le nombre de mètres carrés contenus dans chacune, ensuite le nombre de boisselées et parties de boisselées contenues dans chaque quartier. Enfin le nombre de quartiers.* Indiquer en outre d'après ces éléments la surface en hectares, ares, etc. du vignoble. |
| COL. 8.<br>Production moyenne par quartier et par hectare. | *La production moyenne, soit de deux ou plusieurs années, soit de la dernière année seulement,* s'appliquant aux deux catégories de la colonne précédente, c'est-à-dire *par quartier et par hectare* et placée en regard des renseignements de cette colonne. |

## § IIe. — VINIFICATION.

### COL. 9. — VINS BLANCS.

| | |
|---|---|
| Maturité. | Si elle a été hâtive — dans des conditions moyennes ou tardives. — *Si on s'est servi du glucomètre* pour son appréciation. |
| Cueillette. | *Si elle a été faite en une seule ou en plusieurs fois.* — Si l'on en a séparé les grappes ou même les grains trop ou trop peu mûrs en la faisant. |
| Egrappage. | *S'il a été fait ou non,* soit au trident, à la trémie, au grillage, etc. |

**Ecrasement ou foulage.** { S'il a été fait à pieds d'hommes, ou au moyen de machines.

**Pressurage.**
**Débourbage ou Guil-**
**lage.**
**Fermentation.**
{ Comment l'a-t-on fait et quelle est *l'espèce du pressoir* dont on s'est servi. — Quels moyens a-t-on employés pour le transvasement des moûts en tonneaux. — A-t-on réparti également ment les vins de diverses pressss, ou les a-t-on séparés. — *A-t-on fait ou non le débourbage et comment.* — *A-t-on laissé fermenter à l'air libre,* en remplissant ou ouillant les tonneaux après le guillage, *ou les a-t-on fermés* avec une bonde percée et fermée à l'issue par une boule quelconque *en laissant un vide* pour éviter le dégagement. — A-t-on chauffé les vinées. — A-t-on exposé après la fermentation les vins au froid pour aider à leur clarification — *et les a-t-on bondés et laissés ainsi sous douves, ou a-t-on continué de remplir au fur et à mesure des vides produits.*

**Soutirage.**
{ A quelle époque et *après combien de temps a-t-on fait le premier soutirage, a-t-on soutiré plusieurs fois* et après combien d'intervalle. — Si on a soutiré immédiatement lorsque la fermentation a commencé et successivement pour éviter qu'elle se produise.

**Collages.**
{ De quelle manière et avec quelles substances ils ont été faits.

COL. 10. — VINS ROUGES.

**Maturité. — Cueil-**
**lette. — Egrappage.**
**— Erasement.**
{ (Même observation que pour les vins blancs.) Si l'on a fait l'épépinage.

**Formation des cuvées.** { *Quelle est la forme, les dimensions et le mode d'installation des cuves.*

**Cuvage.**
{ De quelle manière il a été fait. — La cuve a-t-elle été remplie en un jour. — A-t-on laissé un vide pour éviter la perte de l'écume à la suite de la fermentation et l'acétification du chapeau. — La fermentation a-t-elle été faite à l'air libre ou a-t-on couvert la cuve en partie ou hermétiquement.

| Durée. | *Quelle a été la durée du cuvage, et quel moyen emploie-t-on pour s'assurer qu'il a été fait convenablement.* |

Fonds compresseurs. *A-t-on employé les fonds compresseurs* pour tenir le chapeau recouvert. *Comment a-t-on foulé dans la cuve*, à pieds d'hommes, avec des bâtons fouleurs ou autres fouleurs et autres moyens.

Décuvage. *Comment a-t-il été fait, la vendange était-elle* encore chaude ou froide.

Pressurage, Fermentation, Soutirage, Collage. (Même observation que pour les vins blancs.)

NOTA. — Pour abréger, toutes les fois qu'il y a plusieurs renseignements se rapportant à la même colonne, au lieu d'écrire les noms en entier, on pourra se contenter de les indiquer par la 1re lettre du mot. Ainsi 2e colonne au lieu de dire exposition, sol, sous-sol, nivellement, on indiquera seulement : E., S., S.-S., N.

### 2me Partie. — Renseignements spéciaux.

COLONNE 11-1re.

Indication des faits particuliers.

Il est essentiel de bien établir tout ce qui pourrait être avantageux ou désavantageux aux faits particuliers observés de manière à bien faire ressortir l'importance réelle qu'ils peuvent avoir ; surtout de bien relier ces faits avec la nature du sol, l'exposition, le cépage, l'âge, la taille, le rendement et la fumure, qui sont les éléments essentiels de la viticulture.

COL. 11-2e

Conclusion.

Cette importance sera corroborée dans son ensemble, et sous forme de conclusion, dans l'appréciation à la suite faisant l'objet de cette colonne. Le comité pourra rectifier ou donner un avis sur cette partie importante comme résultat final.

C'est cette conclusion qui sera inscrite dans la colonne d'observations du tableau du registre déposé à la Société.

COL. 11-3e. — Place réservée pour y faire figurer des croquis cotés, autant que possible, des faits exceptionnels indiqués au bulletin, pour y faire encore mieux saisir les explications du texte.

# Proposition de classement et de replantation de la collection des vignes du jardin fruitier.

(Voir le *Plan du jardin* joint au projet d'expositions
permanentes.)

J'avais déjà entretenu la Société de la nécessité de
replanter entièrement la plate-bande du fond du jardin,
où se trouvaient placés principalement les cépages rouges
à vin de cette collection, dont la plus grande partie a
péri. Mais la plantation définitive de ces cépages de
remplacement à la même place pourrait, en raison de
l'espace trop restreint, nuire considérablement aux
vignes voisines, placées sur les murs et dans la plate-
bande à côté. Cet espace pourrait d'ailleurs être mieux
utilisé. (Voir le projet d'exposition permanente.)

En outre, il est important d'établir bien convenablement une collection de vignes à raisin de table, existant en grande partie aujourd'hui, dont l'étude rentre tout
particulièrement dans les attributions de la Société.

6

Nous avons donc cherché, en examinant les diverses parties du jardin, à y placer toutes les vignes de la collection de M. Courtiller, au nombre de 660 ceps, en classant à part les cépages à vin les plus importants et en rétablissant convenablement en même temps , la collection de vignes à raisin de table dont une commission a vérifié avec soin les cépages.

Voici quel a été le résultat de ces recherches et ce que je viens vous proposer :

## § 1ᵉʳ. *Collection de vignes à raisin de table. Fond du jardin.*

1° Etablir une collection de raisins de table bien complète, sur le mur du fond du jardin, en remplaçant les cépages manquant ou faux ; elle pourrait contenir ainsi 150 ceps au moins. Si on la trouvait insuffisante, on pourrait l'étendre jusqu'à la porte du jardin placé autour de Toussaint. On réserverait, dans tous les cas, un espace pour y planter au besoin des cépages nouveaux, ci . . . . . . . . . . . . . 150 ceps.

## § 2. *Collection des vignes de M. Courtiller. Plate-bande*, G. H. I.

2° Etablir dans le carré des framboisiers, H, une collection des vignes rouges à vin, les plus importantes, classées par région; et dans une partie bien distincte, celles cultivées dans le département si on voulait les y

répéter, car elles sont déjà placées dans l'allée centrale.
Ce carré pourrait contenir 40 ceps, ci. . . . 40 ceps.

3° Etablir sur une ligne des ceps en bordure de la plate-bande du côté de la rue
Toussaint (G), sur cordon horizontal bas, à
0ᵐ,60 de distance environ; on pourrait
y planter au moins 50 ceps. . . . . .     50

4° Enfin, établir sur une ligne aussi en
bordure dans la plate-bande côté de la rue des
Lices (I), mais à 0ᵐ,50 en avant des épe-
rons pour faciliter leur maturité, la même
plantation pouvant permettre d'y placer au
·moins 110 ceps, distants de 0ᵐ,70, et palissés
sur tuteurs. . . . : . . . . . .     110
                                     ————
                                      200

Les vignes existant aujourd'hui dans la
partie plantée définitivement dans les autres
portions du jardin sont au nombre de. . .   340
                                     ————
                    Total. . .   540

Si on retranche de la collection des 660 ceps de
M. Courtiller les cépages à raisin de table compris dans
la première collection, soit 150 ceps, on en réduit le
nombre à 510. On voit donc que l'on aurait plus que
l'espace nécessaire pour placer dans le Jardin la collection de vignes de table et celle de M. Courtiller. La
différence serait de 30 ceps, plus de 38 ceps de l'allée
centrale, soit ensemble 68 ceps. On pourrait donc ainsi,
ou espacer davantage les ceps, ou laisser un terrain en
réserve, côté de la rue des Lices.

Les vignes en pépinière de remplacement pourront être placées dans la plate-bande du petit jardin de Toussaint, plantée de poiriers en quenouille.

Il serait bien utile aussi d'étudier sur les cépages de la plate-bande E F, en cordon horizontal du fond du jardin, où se trouvent principalement les cépages blancs, ceux qui doivent être taillés longs suivant la méthode Guyot, et ceux qui, au contraire, doivent être taillés à courson sur un bras horizontal. On pourrait les établir à demeure sous la forme convenable.

Comme cette plantation doit être définitive, il est indispensable, si l'on veut opérer convenablement, de ne la faire qu'après un classement bien complet permettant de bien grouper les ceps pour que l'on puisse bien les comparer et les étudier. C'est ce qu'on ne peut faire sans avoir classé les ceps : d'abord en cépages à raisins de table et en cépages à raisins à vin, puis dans chacune de ces deux divisions : en cépages rouges et blancs. C'est ici encore que la composition d'un catalogue descriptif et d'étiquettes, se fait de nouveau sentir. Car, on ne saurait trop le répéter, la collection des vignes du jardin est aussi nombreuse que variée, et en raison de l'importance de la ville et de l'horticulture du département, il y a obligation de bien faire, pour moi, du moins.

Il sera indispensable de pourvoir au remplacement, avec des étiquettes durables, de celles placées provisoirement, pour permettre d'étudier le cépage convenablement, étiquettes qui sont à peu près effacées déjà, et de multiplier le plus possible les étiquettes descriptives proposées. Mais pour arriver à ce résultat, il est nécessaire de faire des écritures de détail que ma mauvaise vue ne me permet plus de continuer.

Je crois que le meilleur moyen d'arriver à ce résultat, serait d'allouer des fonds à notre excellent secrétaire, M. Millet, pour qu'il puisse les faire exécuter par des aides sous sa direction. Je crois que la Société n'aurait qu'à se louer d'avoir, en s'imposant un léger sacrifice d'argent, installé bien complétement et bien catalogué son importante collection de vignes, dont le public pourrait alors retirer tout le fruit désirable. Je devais dans tous les cas appeler ici son attention.

Comme ce classement peut demander un certain temps et qu'il me semble indispensable de planter de bonne heure l'année prochaine, les ceps nombreux de remplacement ayant déjà trois ans au moins, je viens vous présenter aujourd'hui ces diverses propositions, pour que la Société puisse prendre à temps une détermination.

7 novembre 1873.

A. GIFFARD.

## Projet d'établir au Jardin fruitier, une *Ecole spéciale des cépages rouges à vin*, les plus productifs et les plus cultivés de la France.

La Société n'a pas cru devoir replanter, en grande partie du moins, la collection des vignes à vin de M. Courtiller. Cette décision m'a paru regrettable. Il est vrai de dire qu'il était assez difficile de la classer convenablement et qu'elle renfermait beaucoup de ceps, très-curieux pour l'étude, mais ne répondant pas directement aux besoins usuels. Le nombre des cépages est beaucoup trop considérable, comme l'a déclaré M. le docteur Guyot, et après lui M. Pulliat, et il pourrait être utilement restreint à 60, blancs et rouges.

C'est surtout sur les cépages rouges que porte la suppression faite dans la collection de M. Courtiller. Cependant de l'avis des auteurs et des praticiens, ce sont ces cépages qui ont aujourd'hui le plus d'importance, la consommation du vin rouge tendant de plus en plus à s'étendre, et ces cépages étant généralement les plus productifs. Cette suppression serait donc d'autant plus regrettable.

Il m'a semblé facile d'atténuer, au moins, l'effet de cette décision, tout en tenant compte en même temps de l'emplacement restreint qu'offre le jardin et du désir de la Société de ne s'occuper que secondairement des cépages à vin, qui ne rentrent pas directement dans le cadre de ses travaux.

En effet, il suffirait pour cela de planter dans la plate-bande placée au pied de la terrasse, devant la salle de la Société, une trentaine de cépages de choix, bien classés, et d'en composer une *école spéciale des principaux cépages rouges à vin cultivés en France.*

Ces trente cépages, avec les vingt composant déjà l'École spéciale au département, plantés en bordure de l'allée centrale, permettraient d'y comprendre tous ceux de ces cépages pouvant présenter un intérêt usuel. En outre cette plate-bande est aujourd'hui à peu près inoccupée, elle est assez bien exposée, entourée d'allées, à l'entrée du jardin, et quoique peu étendue, on pourrait y placer les ceps à 1$^m$ ou 1$^m$,50 environ, ce qui est bien suffisant pour constituer une belle plantation. Les ceps seraient plantés sur deux rangs entiers et un rang au milieu. Ils seraient divisés en trois régions seulement, prenant nos contrées pour base : 1° la région du Midi comprenant : la Provence, le Roussillon, le Languedoc et la Gironde ; 2° la région du Nord, comprenant l'Alsace, la Lorraine, la Champagne, la Bourgogne, et sous le titre de : Environs de Paris, ceux des départements limitrophes de la Seine ; 3° la région du Centre, comprenant : le Lyonnais, le Dauphiné, l'Orléanais, la Charente, la Vendée etc. Pour ne pas faire de double emploi et en raison de l'espace restreint dont on dispose, on n'a pas répété ici, sauf pour un ou deux, les cépages de l'Ecole spéciale au département, dans lesquels se trouvent compris les cépages de la Touraine et de la Loire-Inférieure. On diviserait encore le plus possible les cépages par catégories comprenant : les cépages fins, les cépages ordinaires et les cépages communs. La plupart de ces cépages sont des types représentant soit une tribu, soit la culture spéciale d'un ou de plusieurs départements. On a été forcé, pour éviter des frais, de supprimer malgré leur importance, un certain nombre de cépages appartenant à des régions trop éloignées. On a cherché aussi à placer le plus possible, malgré leur peu de qualité, les cépages productifs et les diverses natures de cépages, tels que : les pineaux, les gamais, les muscats, les malvoisies, etc. Si on voulait plus tard en remplacer quelques-uns, il suffirait de les faire greffer. J'ai consulté, pour la composition de cette Ecole importante, les meilleurs auteurs. Il serait bien utile non-seulement de placer sur ces cépages une série d'étiquettes, par catégorie, analogues à celles des deux autres écoles, mais surtout encore des étiquettes descriptives à chaque cep et aussi, comme je l'ai indiqué au projet de vulgarisation de la botanique, de placer sous verre au milieu de l'école un *Tableau indicateur*, résumant l'école, et pouvant servir de *Catalogue descriptif*, toujours ouvert et à la disposition de tous. Cette école venant s'ajouter à l'Ecole générale du petit jardin, près les ruines de Toussaint, à l'Ecole spéciale au département, placée dans la grande allée, et enfin à la partie importante de la collection de M. Courtiller conservée, il en résulterait pour le public un ensemble aussi complet que possible de moyens d'études sur toutes les branches de la viticulture. Il n'y a d'ailleurs rien ici qui soit analogue à ce qui peut exister dans une autre Société, et il ne faut jamais perdre de vue que la Société, ce qui n'existe nulle part ailleurs, comme je l'ai toujours dit, a un jardin public et central, et un professeur faisant des cours appliqués. Je crois donc que cette nouvelle école, quoique trop restreinte, par son mode de classement, d'étiquetage, son tableau indicateur, permettant de faire les comparaisons entre les divers cépages et de connaître immédiatement par une seule lecture les qualités et les défauts des principaux cépages, sera encore une innovation spéciale, aussi intéressante qu'utile sur cette partie si importante de la culture de la vigne à vin. Aussi venons-nous appeler sur elle l'attention de la Société et insister vivement pour qu'elle soit établie immédiatement. Voici quelle serait sa composition :

## LISTE DES CÉPAGES.

**Plate-bande des framboisiers.**

(Voir le *plan de l'école* et les Cépages de l'école spéciale au département, qui contient un certain nombre de plants importants, appartenant à ces diverses régions).

### § Ier. — RÉGION DU MIDI.

**Provence, Roussillon, Languedoc, Gironde.**

1. Porto, Monasquen, plant du Four, Téoulier (environs de Marseille, Hautes-Alpes, Var, Bouch.-du-Rhône).
2. Barbaroux ou Grecs roses (Provence).
3. Mourvède ou Carignane, Tinto, Alicante (le plus répandu dans tout le Midi).

4. Picpoule noir, très-répandu dans le Midi.

5. Aspiran ou Piran (Pinot du Midi).

6. Muscat rouge de Frontignan (Hérault), vin de liqueur.

7. Grenache noir, tend de plus en plus à se répandre dans le Midi.

8. Aramon, plant riche, vin de chaudière (Hérault). C'est le cépage d'abondance du Languedoc.

9. Cabernet ou franc Cabernet (Gironde).

10. Malbec (ou cot de la Gironde).

11. Merlot (Gironde).

12. Carmenère ou Grosse Merille, au choix (Gironde).

## § II. — RÉGION DU CENTRE.

**Lyonnais, Dauphiné, Orléanais, Touraine, Vendée.**

13. Mondeuse ou Perseigne (Dauphiné, Lyonnais, Savoie).

14. Shyras (petite) de l'Hermitage ou Serine noire.

15. Chasselas noir ou Mornen noir (Suisse, Auvergne, Rhône, Alsace).

16. Malvoisie rouge de la Drôme.

17. Meunier, cultivé dans les départements du centre et du nord.

18. Teinturier, cultivé dans la plupart des vignes du Centre et de l'Est pour colorer les vins.

19. Lyonnaise commune ou Gamay, très-cultivé dans les départements du Centre.

20. Auvernat noir ou Petit arnoison noir (Orléans), Plant noble (départements du centre).

21. Marocain, cultivé dans le centre et l'ouest.

22. Balzac ou Mourvède, très cultivé dans le centre et l'ouest.

23. Chauché noir, ou Pinot du Poitou.

24. Folle noire ou dégoutant, cépage des plus productifs, mais de qualité très-inférieure.

25. Petit gouais noir, très-productif, qualité très-inférieure.

### § III. — RÉGION DU NORD.

26. Gentil, gris ou rose (Alsace-Lorraine).

27. Pinot noirien (Bourgogne et la plus grande partie de la France).

28. Pinot gris (Bourgogne et la plus grande partie de la France).

29. Morillon noir hâtif, très-cultivé dans le Nord et le Centre.

30. Tresseau ou Bourguignon, Lombard, très-cultivé.

31. Pulsart, du Jura.

32. Petit Gamay de Bourgogne, culture très-répandue.

33. Troyen (Bourgogne), très-productif, mais de qualité inférieure.

*Nota.* — On présentera ultérieurement le tableau indicatif et descriptif de ces cépages.

A. GIFFARD.

# PROJETS

D'ÉTABLIR POUR LE DÉPARTEMENT ET PAR COMMUNE :

*1° D'abord une statistique viticole. — 2° Ultérieurement une statistique agricole et industrielle. — 3° Un registre indiquant où sont appliquées les diverses parties se rapportant à chacune de ces statistiques.*

(PRÉSENTÉS A LA SOCIÉTÉ INDUSTRIELE ET AGRICOLE DE MAINE-ET-LOIRE).

J'ai présenté à cette Société un exposé complet, avec tableau, de ces projets qui avaient pour but de recueillir et de classer méthodiquement et par commune d'abord, puis par canton et ensuite par arrondissement, tout ce que ces trois grandes branches de la richesse publique peuvent présenter d'intéressant, existant sur les divers points du département.

C'est assurément, on le comprend, sans qu'il soit besoin d'insister ici, une des questions les plus importantes qui puissent être traitées, puisqu'elle a pour but de mettre à la portée de tous, tout ce que notre belle contrée renferme de vital.

Cet exposé, en raison du sujet traité, entraînant forcément à de nombreux détails, était trop étendu pour être reproduit ici (40 pages environ); j'ai donc dû en présenter seulement le résumé.

J'ai appelé ces statistiques *descriptives*, parce que, contrairement à ce qui a lieu pour les statistiques ordinaires qui ne donnent guère que des chiffres de contenance et de production en argent, on s'y attache surtout en outre à la *description* des procédés de la culture de la vigne et du mode de fabrication du vin pour *la viticulture;* à celle des assolements, des principales cultures, des bâtiments agricoles, des bestiaux, des instruments aratoires pour *l'agriculture;* à celle des usines, des manufactures, des grands établissements industriels et de la nature de leurs travaux pour *l'industrie.* Elles sont, à ce point de vue qui en fait la base, une inovation complète.

Chacune de ces statistiques comprend deux grandes divisions :

La première qui forme l'objet principal de ce projet, s'occupe uniquement des faits *usuels et traditionnels* relatifs à la viticulture et à l'agriculture de chaque commune, en indiquant tout particulièrement encore les motifs qui engagent à continuer ainsi traditionnellement leurs diverses pratiques.

La deuxième division s'applique spécialement à recueillir les faits exceptionnels et progressifs bien établis par une expérience suffisamment prolongée.

La statistique viticole étant la plus simple, j'ai pour cette raison indiqué de commencer par elle. Cette statistique pour la France a été faite par département dans un ouvrage remarquable, sous les auspices de l'État, par M. le docteur J. Guyot. Mais dans notre département la culture de la vigne varie, dans quelques-unes de ses parties du moins, presque d'une commune à l'autre ; il y avait donc comme *étude sérieuse* utilité de compléter la statistique générale du département, par une statistique communale, résumée par canton, puis par arrondissement, qui mettrait assurément en relief *des procédés les plus variés et aussi intéressants qu'ignorés le plus souvent.*

Ce travail peut tout d'abord paraître très-considérable et d'une difficile exécution. En effet s'il devait être fait par une seule personne toute désintéressée, quelque intelligente et active qu'elle fût, il entraînerait, sans parler des fatigues et des frais de voyage, à près d'une année de travail, en se basant sur un jour seulement par commune et pour 300 communes, ce qui est assurément trop peu.

Si on le faisait faire par plusieurs personnes, payées spécialement pour parcourir chacune une partie du département, un arrondissement par exemple, cela coûterait encore plus cher, sans parler de la difficulté de trouver ces personnes.

Mais il est très-possible et même facile de l'exécuter rapidement et sans frais par les moyens que je vais indiquer. Il s'agit seulement ici d'appliquer le principe de la division du travail et de trouver dans chaque commune un homme sûr, intelligent, qui la connaisse bien surtout et qui sans déplacement, sans recherches et par conséquent sans frais (autres que quelques médailles ou gratifications légères distribuées en séances publiques, allouées par le Conseil général, *au moyen d'un questionnaire imprimé et très-facile à remplir,* voir page 64), puisse établir, souvent en quelques heures et au pis aller et exceptionnellement en un ou deux jours, ces statistiques pour sa commune. Cet homme se présente tout naturellement dans l'instituteur communal qui et en même temps fonctionnaire d'une administration.

Voici quelle serait la manière de procéder :

La Société industrielle, dans les attributions de laquelle rentre tout particulièrement ce travail, puisqu'elle a des comités spéciaux tout organisés et un Secrétaire stationnaire, saisie de la question, présenterait une demande à M. le Préfet tendant à ce que l'Administration Académique voulût bien charger les instituteurs communaux de remplir ces questionnaires pour leur commune, sous la direction de MM. les Inspecteurs d'arrondissement, mis au courant au siége de la Société, qui leur remettraient dans leurs tournées des imprimés et leur donneraient leurs instructions. Ces questionnaires peuvent facilement être remplis par tout homme un peu intelligent. Ils n'auraient donc qu'à le faire sous la dictée même au besoin, de tout praticien, puisqu'il ne s'agit ici que de recueillir des faits traditionnels connus par tous et constituant une pratique générale. Ils les adresseraient à MM. les Inspecteurs qui après les avoir résumés dans un rapport sommaire par canton, les feraient parvenir au siége de la Société. Là ils seraient présentés à une commission spéciale et résumés ensuite sur un tableau synoptique dont le modèle est ci-joint. On pourrait aussi les faire vérifier surtout pour l'ensemble du canton, par les comices cantonaux.

Il en serait de même pour les deux autres statistiques pour lesquels il a été présenté un questionnaire et des tableaux spéciaux.

Enfin on ouvrirait sur un registre spécial pour chaque statistique, dont le modèle avait été fourni à cette Société, des comptes pour chacune des principales parties qui les composent, les béchages, les cépages, la taille et autres façons, etc., dont un modèle a été présenté. On inscrirait le nom, l'adresse de sa demeure et de son exploitation pour chaque viticulteur, agriculteur ou industriel. Déposé à la Société, il serait consulté non seulement par ses membres mais par toutes personnes qui en feraient la demande écrite. Enfin on publierait ces statistiques réunies en un seul volume comme *l'Annuaire du département.*

Il ne pourrait que résulter de ce travail, pour tous et à tous les points de vue, les plus grands avantages, tels que : 1° Centralisation de tous les faits importants existants ; 2° rapprochement et confraternité entre les praticiens qui trouveraient ainsi d'abord l'indication des exemples appliqués qui pourraient les intéresser et ensuite les moyens de se mettre en rapport avec leurs auteurs et d'échanger des observations réciproquement utiles ; 3° des comparaisons entre les diverses méthodes communales propres à conduire à des applications nouvelles et progressives résultant du choix raisonné de ces méthodes ; 4° des renseignements de toute nature pouvant être fournis aux diverses administrations.

Nous croyons être dans le vrai en disant ici en terminant ce résumé, que ces statistiques ainsi dressées seraient une mesure d'utilité publique, compensant largement les quelques efforts à faire pour les établir, et que ce travail ferait honneur à la Société qui l'aurait entrepris autant qu'à l'Administration qui lui aurait apporté un si utile concours.

Juin 1874.

––––––

### PROJET RELATIF A L'AMPÉLOGRAPHIE.

Quant au projet relatif à l'ampélographie, d'une application moins directe quoique non moins importante, j'ai cru inutile d'en donner ici d'autres explications. Le tableau synoptique qui donne le classement résumé et complété de tout ce qui a rapport à ce projet, comparé aux divers ouvrages existants, même les plus avancés, fera immédiatement juger des avantages que présente ce tableau, bien rempli. Nous croyons qu'il peut rendre des services sérieux pour faciliter l'étude de cette science si utile mais si compliquée et si difficile.

––––––

7

# APPENDICE.

## PROJETS NON PRÉSENTÉS.

---

### 1° Tableaux synoptiques sur les Beaux-Arts.

Dans le but de continuer les essais d'instruction professionnelle dans les diverses écoles, particulièrement au moyen de tableaux synoptiques, j'avais appliqué ce mode d'enseignement à l'étude des beaux-arts, résumant ainsi l'œuvre si intéressante, mais encore trop étendue, de la Bibliothèque des merveilles, dans les tableaux suivants.

20. LITTÉRATURE. — Tableau synoptique des femmes célèbres et de l'influence qu'elles ont exercé dans l'histoire, sur la civilisation, la littérature et les arts. Introduction comprenant l'histoire générale de la femme. Offert et uniquement destiné aux jeunes filles des Écoles primaires, des pensionnats, et aux bibliothèques publiques et populaires; pour propager l'instruction chez les femmes, particulièrement en ce qui a trait à leur sexe.

21. PEINTURE. — Tableau synoptique indiquant la biographie, le genre et les œuvres les plus re-

marquables des peintres anciens et modernes, avec
une introduction sur l'histoire de la peinture, pour
répandre l'étude des beaux-arts. Offert et particulièrement destiné aux Lycées et autres Écoles secondaires,
primaires et aux bibliothèques populaires.

22. SCULPTURE. — Tableau synoptique de la
sculpture du moyen âge et de la sculpture moderne, en
Italie et particulièrement en France (comme pour la
peinture). Les deux tableaux qui précèdent, en raison
de leur importance, pourront être divisés en deux
parties, comprenant pour la première ce qui a rapport
à l'art ancien et du moyen âge, et pour la deuxième ce
qui concerne l'art contemporain.

23. ARCHITECTURE. — Tableau synoptique indiquant les divers genres d'architecture, les principaux
monuments et les architectes qui les ont construits.
(Comme précédemment.)

24. MUSIQUE. — Tableau synoptique indiquant les
genres et les œuvres principales des musiciens célèbres,
anciens et modernes (comme pour les trois précédents).

Tous ces tableaux auraient été divisés, comme celui
sur la vigne, en deux grandes parties :

1<sup>re</sup> partie. — L'*Introduction* comprenant : 1° La défi-
nition très-sommaire des termes techniques et des instruments employés ; 2° un rapide exposé de la peinture,
de la sculpture, de l'architecture et de la musique.

2° partie. — *La Biographie* et les œuvres principales des femmes célèbres, des peintres, des sculpteurs,
architectes, musiciens. Ces matériaux auraient été pui-
sés aux meilleures sources, telles que : la Bibliothèque
des merveilles, très-remarquable, les catalogues du

Louvre, les ouvrages spéciaux, tels que : celui de Clarac sur la sculpture, de Vasari et de Charles Blanc sur la peinture, du docteur Bélouino sur la femme, etc.

Ils auraient porté en tête au lieu des figures des tailles de la vigne :

1° TABLEAU DE L'INFLUENCE DE LA FEMME. — Les portraits en buste et au trait, d'après ceux des galeries de Versailles, de : Jeanne d'Arc, type national d'héroïne des plus poëtiques ; de la duchesse de Bourgogne, charmant type de femme de cour du siècle de Louis XIV ; de M$^{me}$ de Sévigné, écrivain distingué, type de femme de lettres gracieux et charmant ; de M$^{me}$ Récamier, un des plus gracieux types contemporains de femme de salon ; de M$^{me}$ Vigué-Lebrun, femme peintre distinguée et charmante, type des plus remarquables de la femme artiste ; de M$^{lle}$ Mars, actrice remarquable, femme aussi distinguée que lettrée, tant admirée de nos pères ; enfin de Béatrix, inspiratrice du Dante, un des types de femmes les plus poétiques de la littérature, qui a fourni à notre grand peintre, Ary Scheffer, et à tant d'autres de si charmants sujets de tableaux et de statues.

Ces types ont été choisis pour représenter dans les principales classes de la Société les femmes qui s'y sont fait remarquer et qui ont joué un rôle important dans l'histoire de leur époque par l'influence qu'elles ont exercée sur les hommes d'élite dont elles étaient entourées.

2° TABLEAU DE LA PEINTURE. — Les portraits en buste et au trait de : Léonard de Vinci, ce grand artiste qui était en même temps : peintre, sculpteur, architecte, ingénieur, physicien, écrivain, musicien (École florentine).

Du Titien, ce maître à la couleur magique, dont les empereurs ramassaient les pinceaux (École vénitienne); de Raphaël, que l'on a presque divinisé, ce peintre si célèbre et si gracieux des vierges et des loges du Vatican (École romaine); de Rubens (qui avec Teniers et Rambrant, représente l'École hollandaise et flamande) au riche et puissant coloris; de Murillo, ce peintre des célèbres vierges, qui représente l'École espagnole. Enfin de nos grands peintres de l'École française, de ceux qui l'ont réellement fondée et lui ont donné son brillant éclat : Le Poussin, Lebrun et dans un genre à part, trop critiqué, croyons-nous, de Mignard. Le choix ici était difficile au milieu des nombreux peintres qui ont illustré leur art; on a cherché à reproduire les portraits des artistes d'élite, pouvant représenter les principaux genres et les principales Écoles. On n'a pu parler ici, pour cette raison, de la peinture contemporaine où auraient dû prendre place nos grands chefs d'École, les Vien, Gérard, David et plus tard Ingres, Delacroix, Corot, Rousseau, Daubigny et tant d'autres, car il faudrait ici un tableau spécial.

3° TABLEAU DE LA SCULPTURE. — Ici l'on pouvait faire, et cela serait nécessaire comme étude de la forme et du beau dans les arts, ce qu'il eût été impossible ou à peu près de faire pour la peinture, c'est-à-dire de reproduire le dessin au trait de l'œuvre même de l'artiste. Ainsi pour la sculpture ancienne, on aurait reproduit comme modèles de dessin : le *Laocoon*, du Vatican à Rome, l'*Apollon du Belvédère*, à Rome; le *Gladiateur combattant*, du Louvre; le *Faune à l'enfant*, du Louvre; le *Bacchus*, du Louvre; l'*Apollino* ou *Apol-*

*line* de la salle de la tribune, à Florence; l'*Aretino ou le Rémouleur*, et la *Vénus de Médicis*, ayant tous les deux la même origine; la *Diane à la biche*, du Louvre; la *Diane des Gabies;* la *Minerve* dite la *Pallas de Velletri*, du Louvre; la *Niobé de Rome;* enfin la célèbre *Vénus de Milo*, du Louvre.

POUR LA SCULPTURE MODERNE. — On a cherché à établir dans leur ordre chronologique les chefs-d'œuvre, particulièrement de l'École française du Louvre, qui sont restés comme modèles pour les générations d'artistes, tels que : la *Force* de Michel Colomb, cathédrale de Nantes; la *Diane de Poitiers* de Jean Goujon, du Louvre; les *Trois-Grâces* ou les *Vertus théologales*, de Germain Pilon, du Louvre; le *Milon de Crotone* et le *Persée délivrant Angélique*, du Puget, du Louvre, œuvres colossales du plus puissant de nos sculpteurs, celui que l'on a surnommé le Michel-Ange français; les *Écuyers de Marly* de Coustou, des Champs-Élysées, le *Moïse* de Michel-Ange, à Rome, l'œuvre la plus puissante de ce grand artiste et peut-être de toute la sculpture moderne; l'*Amour et Psyché*, de Canova, du Louvre, un des plus grands et des plus gracieux sculpteurs de l'Italie; le *Voltaire* assis du théâtre français, de Houdon; la *Sapho* assise de Pradier, dernière œuvre de notre grand sculpteur français, le chef d'École et le promoteur de tant d'œuvres gracieuses contemporaines; enfin le *Philopœmen* du Louvre de notre illustre compatriote David, chef d'une École tout opposée, qui a doté le monde de tant de chefs-d'œuvre et jeté un si vif éclat sur la sculpture française, dont la réunion dans la salle spéciale de notre beau Musée portant son nom, présente assurément un spectacle unique susceptible d'inspirer le plus légitime orgueil à tout enfant de l'Anjou, en présence de l'œuvre colossale quoiqu'incomplète de notre grand concitoyen.

4° TABLEAU DE L'ARCHITECTURE. — Ici le choix était encore difficile, à part deux architectes d'une réputation toute exceptionnelle, Vignole, l'auteur des ordres d'architecture, et Michel-Ange, l'architecte qui a tant contribué à la construction de Saint-Pierre de Rome, la première Église du monde; on n'a pris que des Français : Pierre Lescaut, Philibert Delorme, Perrault, architectes des diverses parties du Louvre et le dernier de la célèbre colonnade, Soufflot, l'architecte du Panthéon, Mansard, l'architecte du palais de Versailles, de Lenôtre, celui de ses splendides jardins. Enfin de nos jours, de Visconti, un des principaux artistes du nouveau Louvre, Violet-Leduc, auteur d'ouvrages si remarquables sur cet art.

5° TABLEAU DE LA MUSIQUE. — Ici encore, en raison de la grande célébrité des maîtres italiens et allemands, on a été obligé de leur donner une large place dans les portraits de ce tableau, que l'on a divisé en trois Écoles : 1° l'École italienne, comprenant : Donizetti, l'auteur de la *Favorite* et de la *Lucie*, ce compositeur aux mélodies si brillantes, si faciles, si dramatiques; de Rossini, l'auteur de *Guillaume Tell*; de Verdi, l'auteur du *Trouvère*, de *Rigoletto*, dont la musique est si dramatique et qui constitue un genre si tranché; 2° l'École allemande comprenant : Beethoven, Mozart, ces grands maîtres de la musique dite classique; 3° enfin l'École française comprenant : Meyerber, l'auteur de *Robert* et des *Huguenots*; Halévy, l'auteur de la *Juive, des Mousquetaires* et de chefs-d'œuvre aussi nombreux que variés, enfin Auber, ce grand artiste, l'auteur de la *Muette*, le compositeur le plus fécond de la musique la plus véritablement française; qui, à 80 ans, a fait encore un *Opéra* digne d'être comparé à ceux de ses meilleures années.

Tous les matériaux propres à compléter ces tableaux sont réunis et classés, il ne s'agit plus que de les résumer. Ce travail est même entièrement terminé pour le tableau des femmes célèbres et la sculpture, et malgré les frais sérieux que la publication de ces tableaux pourra entraîner, j'y consacrerai toutes les ressources dont je pourrai disposer, et peut-être seront-ils publiés dans un temps peu éloigné.

Ces divers tableaux seraient reproduits sous forme de brochures, avec ou sans gravures, et pourraient ainsi être vendus aux élèves des écoles à des prix très-réduits de 0 fr. 20 à 0 fr. 50 c., ce qui permettrait de les mettre à la portée de tous.

———

**2° Petit bois de Boulogne ayant pu être établi aux portes d'Angers, sur le pâtis et aux abords de l'étang Saint-Nicolas (projet fait en 1865).**

Quoique ce projet, en raison des établissements insalubres qu'on a placés sur le bord de ce bel étang, et tout récemment encore, du lotissement du pâtis, soit devenu beaucoup moins important, je ne pouvais, après l'avoir tant fait déjà, que protester de nouveau dans l'intérêt de mon quartier, que ces établissements ont tant déprécié, en indiquant en quelques mots ce qu'on aurait pu faire pour leur exécution, qui eût été une de mes prédilections.

L'étang, le pâtis Saint-Nicolas et la propriété dite de la Garenne, située sur la rive du côté de la ville, et sur l'autre rive les bois de Belle-Beille, forment un vaste périmètre très-rapproché du boulevard de Laval, du faubourg Saint-Jacques et de la route de Nantes.

L'étang et la garenne surtout présentent un ensemble des plus pittoresques et disposé de la manière la plus heureuse. Il faudrait, je crois, aller bien loin pour trouver aux abords d'une grande ville un pareil emplacement aussi propre à remplir le but projeté. En effet, si on suit les bords de l'étang, on y trouve des sites ombreux, solitaires, un isolement presque complet, on se croirait perdu au milieu de la campagne et très-éloigné de toute habitation. Si, au contraire, on s'élève sur les coteaux, on jouit d'un coup d'œil charmant et des plus étendus sur les bords boisés de l'étang, sur tout le bassin de la Maine et même des côteaux de la Loire. Enfin, la propriété de la Garenne renferme des sites les plus variés et les plus mouvementés, des rochers, de grands arbres, de beaux points de vue. En un mot, la nature a tout réuni là, il suffirait de s'en bien servir et cela pourrait se faire relativement presque sans frais.

Voici quelles auraient été les principales dispositions du projet qui se divise en deux parties correspondant à chacune des rives de l'Étang.

1° *Abords de la Ville*. — On aurait établi une station d'omnibus, place Saint-Nicolas, communiquant avec les diverses parties de la ville, comme ceux des Ponts-de-Cé. De la place Saint-Nicolas on se serait rendu par la rue du Chef-de-Ville, bâtie en grande partie depuis, sur le pâtis par une large voie plantée d'arbres.

2° *Pâtis Saint-Nicolas*. — On l'entourait de murs et de deux grilles principales en ménageant extérieurement un chemin d'accès du faubourg Saint-Jacques au faubourg Saint-Lazare. On se servait de tous les accidents de terrain existants : plantant des arbres verts sur les parties élevées, et des pelouses dans les fonds et en utilisant encore la pièce d'eau qui s'y trouve. Deux allées carossables le traversaient : l'une diagonalement, l'autre allant aux bâtiments actuels de la Garenne, en longeant ceux de Saint-Nicolas.

3° *La Garenne*. — On pénétrait d'abord dans sa partie la plus ombreuse par une grille placée en face le chemin de la Meignanne. Il était établi, en se servant de l'état actuel, deux allées carossables tracées largement sur le plateau, communiquant avec l'allée du pâtis longeant les bâtiments de Saint-Nicolas et fournissant ainsi une sortie et une double entrée aux voitures, puis avec la grande allée du milieu, terminée par un si beau plateau. Ensuite on descendait à mi-côte jusqu'à une passerelle élégante, établie sur l'étang, que l'on eût pu diviser par un petit îlot, jeté au milieu, passerelle permettant de continuer le trajet sur l'autre rive.

Sur le plateau de la Garenne étaient établis : des allées secondaires pour les piétons, un café-concert, des jeux, des pelouses, des massifs de fleurs, des statues, des vases et autres ornements de l'industrie horticole, de petits ronds points isolés, bien ménagés, au milieu des arbustes existants et surtout dans les parties basses et au bord de l'étang, particulièrement du côté de Brionneau et de Roc-Epine dont quelques-unes pourraient présenter un isolement presque complet.

On aurait pu encore élever l'eau de l'étang et en former avec la pièce d'eau existant déjà, un espèce de petit lac et une petite cascade sur les rochers qui le bordent et établir une station de canots sur l'Étang.

Enfin, on aurait pu y placer l'eau de la Loire, dont les conduits vont jusqu'à Saint-Nicolas, en former un jet d'eau dans le genre de celui du jardin du Mail et par une bifurcation, la renvoyer dans les conduits pour retourner alimenter les parties basses du faubourg Saint-Jacques.

*Rive côté opposé.* — En sortant de la passerelle, on pourrait d'abord suivre ces bords si pittoresques de l'étang et aller regagner le faubourg Saint-Jacques au pont Brionneau. Enfin, si on voulait prolonger la promenade, il suffirait de monter à mi-côte et d'aller, passant près la ferme de Belle-Beille, et traversant une large allée plantée d'arbres, que l'on aurait établie, rejoindre la route de Nantes pour rentrer en ville.

Ainsi, on pouvait donc à volonté parcourir trois périmètres s'agrandissant successivement et se composant, en partant toujours de la place Saint-Nicolas : le premier du pourtour du pâtis et de la Garenne, en rentrant par la rue de l'Abbaye et le faubourg Saint-Jacques ; le deuxième, en traversant l'étang et rentrant par le che-

min le bordant et le pont Brionneau ; enfin, le troisième,
si on voulait plus tard agrandir encore la promenade,
surtout pour les équipages, franchir le coteau et aller
par la ferme de Belle-Beille, rejoindre la route de
Nantes pour rentrer en ville.

Si on avait reculé devant les frais d'acquisition, peut-
être aurait-on pu louer seulement.

On aurait pu encore approprier facilement les ter-
rains de Roc-Épines pour y placer un jardin d'acclimatation, qui n'est bien entendu que secondaire ici.

Ce projet avait encore l'avantage de donner du commerce et de la vie au faubourg Saint-Jacques, si pittoresque mais qui en est si dépourvu.

J'avais dressé des plans très-détaillés, pris sur les
lieux, et des estimations qui, quoique sommaires,
étaient suffisantes pour s'en rendre approximativement
compte.

Enfin, quoique aujourd'hui, comme je l'ai dit en commençant, ce projet se trouve tronqué de la manière la
plus fâcheuse, il serait peut-être encore possible, et désirable, je crois, en règlementant les établissements
insalubres à ne faire leurs principales manipulations
qu'à des jours déterminés, et même en limitant le trajet
à la Garenne et à l'étang seulement, et même à la Garenne seule, de créer là, pour la ville, un genre de
promenade charmant, qui lui fait défaut, unique peut-
être en province et qui viendrait compléter si heureusement celles de nos boulevards et de nos jardins
actuels.

Aussi croyons-nous que ce projet peut être encore

en temps opportun, de nature à appeler l'attention de l'Administration, dans l'intérêt des plaisirs de nos concitoyens, de l'amélioration de tout un quartier et de l'ornementation de notre belle ville d'Angers.

5 avril 1874.

**A. G.**

*Nota.* — M. le baron Le Guay, propriétaire de la Garenne et qui n'y a pas d'habitation, la loue 300 f. environ avec certaines réserves qu'il serait facile de maintenir. On pourrait par exemple continuer ce bail en en passant un pour de longues années ou en faire l'acquisition avec des paiements par annuités assez prolongées, ou avoir recours à un entrepreneur comme pour le théâtre-cirque, le marché de la place Cupif. Si la ville acceptait on trouverait certainement des moyens d'exécution.

FIN.

# TABLE

### DES PROPOSITIONS REPRODUITES A CETTE BROCHURE.

———◆———

## APPENDICE. — PROJETS NON PRÉSENTÉS.

Angers, Imp. P. Lachèse, Belleuvre et Dolbeau, 187

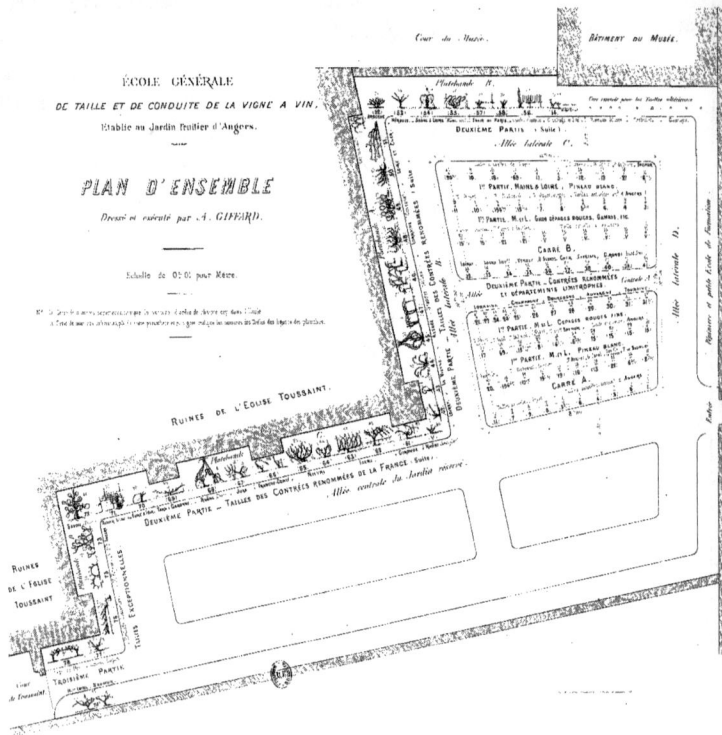

ÉCOLE GÉNÉRALE
DE TAILLE ET DE CONDUITE DE LA VIGNE A VIN,
Établie au Jardin fruitier d'Angers.

PLAN D'ENSEMBLE

Dressé et exécuté par A. GIFFARD.

Échelle de 0,01 pour Mètre.

www.ingramcontent.com/pod-product-compliance
Lightning Source LLC
Chambersburg PA
CBHW062021200326
41519CB00017B/4880